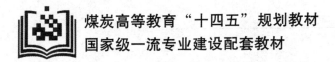

煤炭高等教育"十四五"规划教材

国家级一流专业建设配套教材

工程制图学习指导（第2版）

主　编　姚继权　刘　佳　倪树楠

副主编　毛志松　杨　梅　彭守凡　贾英辉

北京理工大学出版社

BEIJING INSTITUTE OF TECHNOLOGY PRESS

图书在版编目（CIP）数据

工程制图学习指导/姚继权，刘佳，倪树楠主编
. --2 版 . -- 北京：北京理工大学出版社，2023.7（2024.11重印）
ISBN 978 - 7 - 5763 - 2659 - 8

Ⅰ. ①工⋯ Ⅱ. ①姚⋯ ②刘⋯ ③倪⋯ Ⅲ. ①工程制
图—高等学校—教学参考资料 Ⅳ. ①TB23

中国国家版本馆 CIP 数据核字（2023）第 134600 号

出版发行／北京理工大学出版社有限责任公司
社　　址／北京市海淀区中关村南大街 5 号
邮　　编／100081
电　　话／（010）68914775（总编室）
　　　　　（010）82562903（教材售后服务热线）
　　　　　（010）68944723（其他图书服务热线）
网　　址／http：//www.bitpress.com.cn
经　　销／全国各地新华书店
印　　刷／唐山富达印务有限公司
开　　本／787 毫米 ×1092 毫米　1/16
印　　张／13.5
字　　数／270 千字
版　　次／2023 年 7 月第 2 版　2024 年 11 月第 2 次印刷
定　　价／39.80 元

责任编辑／多海鹏
文案编辑／多海鹏
责任校对／周瑞红
责任印制／李志强

前　言

本书为《工程制图（第2版）》配套使用的学习指导书。为便于学习，《工程制图学习指导（第2版）》与教材《工程制图（第2版）》相对应，全书共14章，各章均对课程进行了小结，包括学习目的、重点、难点等内容概要；用框图和文字对题目的类型进行了介绍，并举例说明了求解问题的方法和步骤；配有相关题型加以练习。

2020年出版的《工程制图学习指导》获第三届全国煤炭行业优秀教材一等奖，并确定为煤炭高等教育"十三五"规划教材。2022年被评为辽宁省首届优秀教材（高等教育类）。

本书是煤炭高等教育"十四五"规划教材、辽宁工程技术大学规划教材。

本书可供高等学校近机械类专业学生学习图学课程配套使用，也可供研究生入学考试及成人高等教育、高教自学考试、电大开放教育、远程网络教育、工程技术人员自学使用。

本书由姚继权、刘佳、倪树楠担任主编，毛志松、杨梅、彭守凡、贾英辉担任副主编，具体编写分工如下：倪树楠编写第一章、第七章、第十二章，郑玉波编写第二章，郭颖荷编写第三章，彭守凡编写第四章，杨梅编写第五章，贾英辉编写第六章，姚继权编写第八章、第十一章、第十三章，毛志松编写第九章，刘佳编写第十章、第十四章，陈希、李新宏、倪杰、王浩羽参加了部分图形的绘制和编写工作，全书由姚继权统稿。

因编者水平所限，缺点和不足在所难免，诚望各位专家、读者批评指正。

编　者

第 1 版前言

工程制图是近机械类专业学生必修的专业性和实践性都很强的技术基础课，主要培养学生空间思维能力、绘制和阅读工程图样能力，学生必须通过课外大量的作业才能够巩固和提高其能力。

本书是工程制图的配套教材，是按照教育部高等学校工程制图教学指导委员会制定的普通高等学校工程制图课程教学基本要求以及近年来发布的有关制图的最新国家标准，吸收多年来编写组主持的辽宁省高等学校教学改革项目、辽宁省精品资源共享课等多项教学改革研究的成果，参考多部近年的其他高校图学教材而编写，每章由本章的学习目的、要求、难点、重点组成、典型例题指导，练习等部分组成。突出本教材的指导性、理论性和实践性，尽可能地发挥创新应用型人才培养的功能。

本书由姚继权主编。参加本习题集编写工作的有丛喜宾（第1章、第7章），郑玉波（第2章），郭颖荷（第3章），彭守凡（第4章），杨梅（第5章），贾英辉（第6章），白兰（第8章），毛志松（第9章），刘佳（第10章、第14章、附录），姚继权（第11章、第13章），倪树楠（第12章），孟凡华、董自强、倪杰参加了部分图形的绘制和编写工作，全书由姚继权统稿，李凤平教授、苏猛教授担任主审。

因编者水平所限，缺点和不足在所难免，诚望各位专家、读者批评指正。

编　者
2016 年 10 月

目　录

第一章　投影的基本知识

一、内容概要

二、题目类型

1. 目的要求

在工程上我们主要利用投影来表达形体，所以要掌握投影法（主要是正投影法）的基本知识。

通过学习要求学生掌握以下内容：

（1）正投影的基本性质。

（2）几何形体的构造及其投影。

2. 重、难点

（1）三视图的形成及投影规律。

（2）拉伸体与回转体的形成和表达。

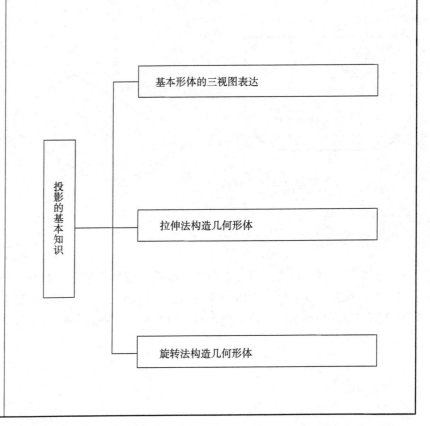

投影的基本知识

基本形体的三视图表达

拉伸法构造几何形体

旋转法构造几何形体

题目　利用所给平面图形和拉伸高度 L 构造拉伸体，并完成三视图。

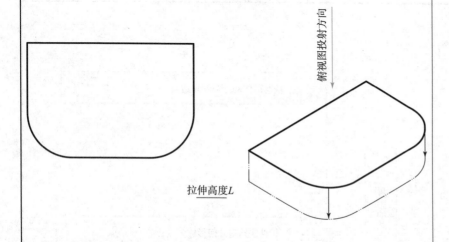

拉伸高度 L

分析　平面图形为两顶点作圆角过渡的长方形，给定拉伸方向和高度，拉伸形成立体。圆角拉伸为四分之一圆柱面，直线段拉伸为侧面。令其端面平行于水平投影面，则俯视图为特征视图。

作图步骤

（1）根据拉伸方向确定水平投影为形体特征投影。

（2）根据拉伸高度 L，补画 V、W 投影，注意符合高平齐、长对正、宽相等的投影规律，这两面投影轮廓为等高的矩形。

（3）按规定线型描深，完成全图。

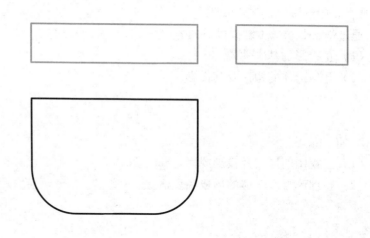

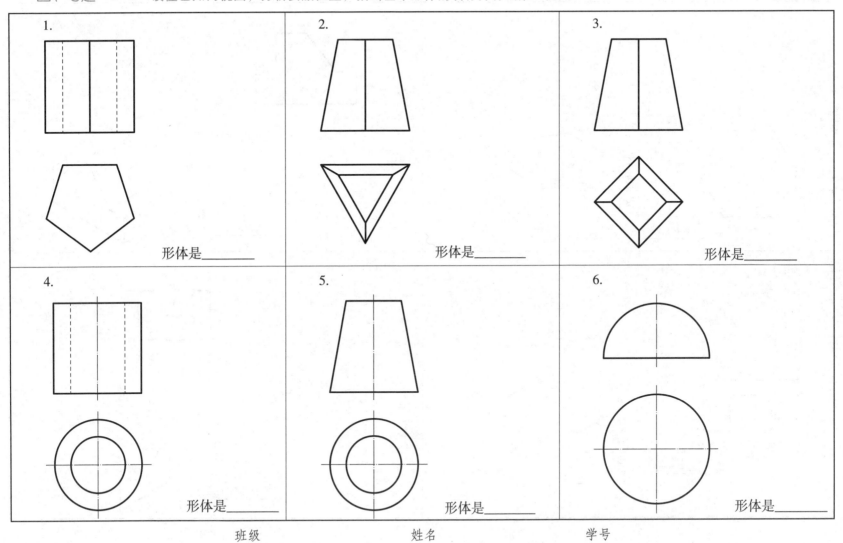

1.

形体是＿＿＿＿＿＿

2.

形体是＿＿＿＿＿＿

3.

形体是＿＿＿＿＿＿

4.

形体是＿＿＿＿＿＿

5.

形体是＿＿＿＿＿＿

6.

形体是＿＿＿＿＿＿

班级　　　　　　　　姓名　　　　　　　　学号

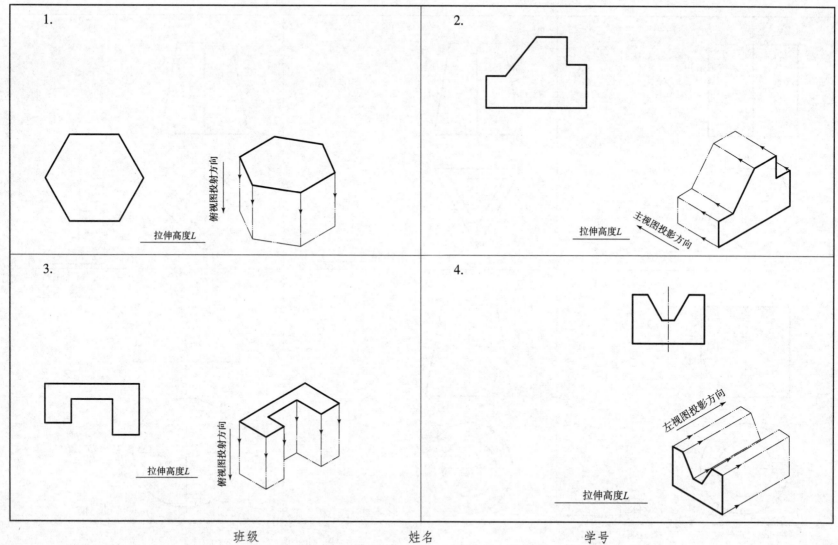

1.

拉伸高度*L*

俯视图投射方向

2.

拉伸高度*L*

主视图投影方向

3.

拉伸高度*L*

俯视图投射方向

4.

左视图投影方向

拉伸高度*L*

班级　　　　　　姓名　　　　　　学号

— 4 —

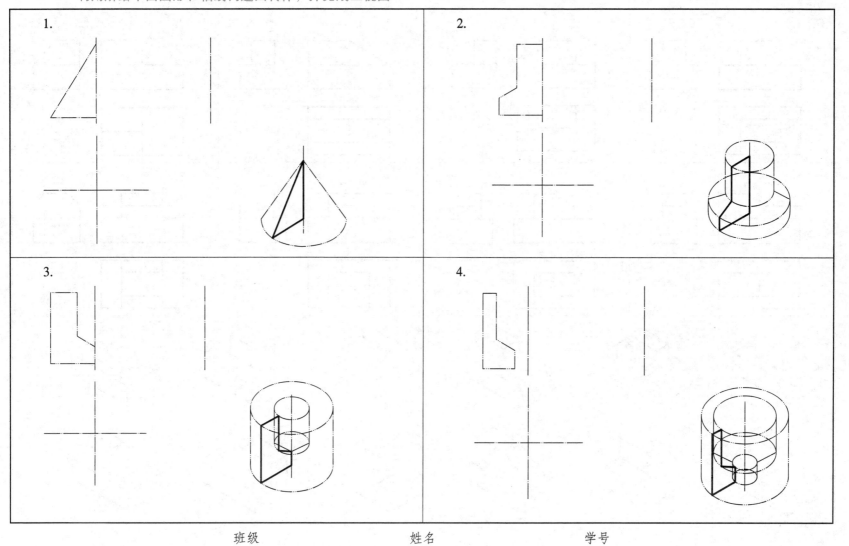

班级　　　　　　姓名　　　　　　学号

1-4 读懂所给三视图，比较各三视图的异同，找出对应的立体图并填写相应序号

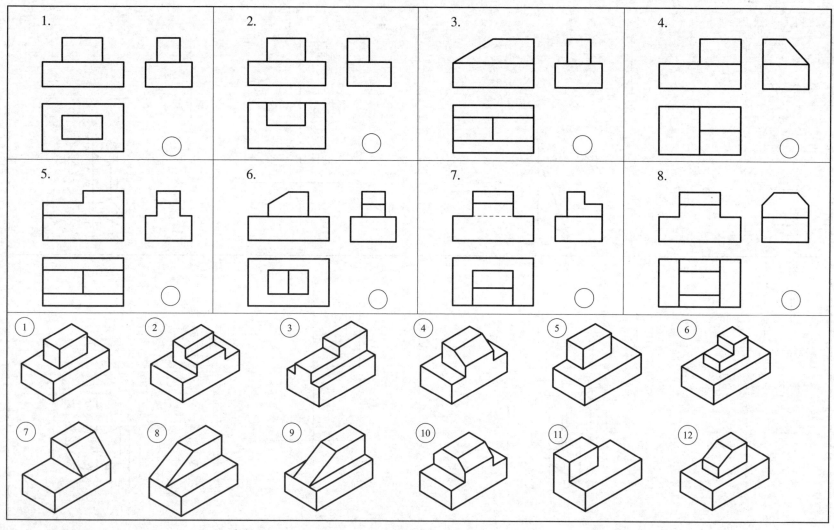

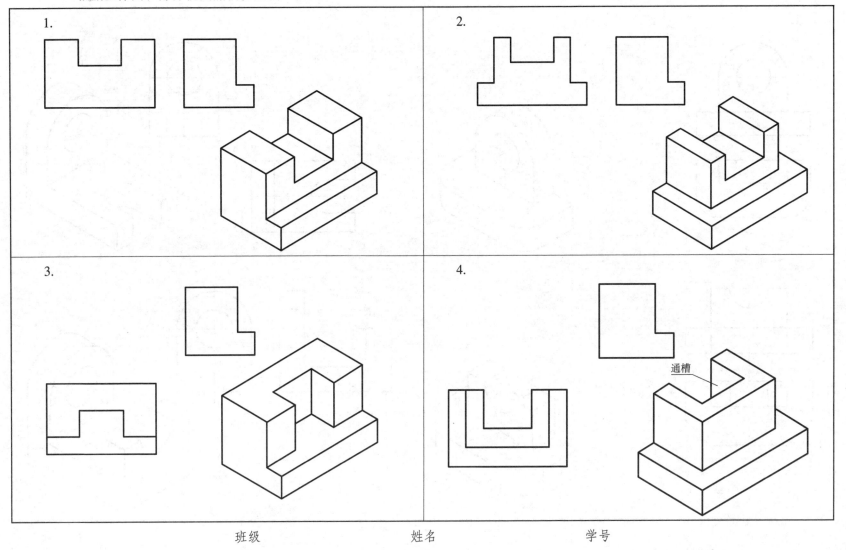

1.

2.

3.

4.

通槽

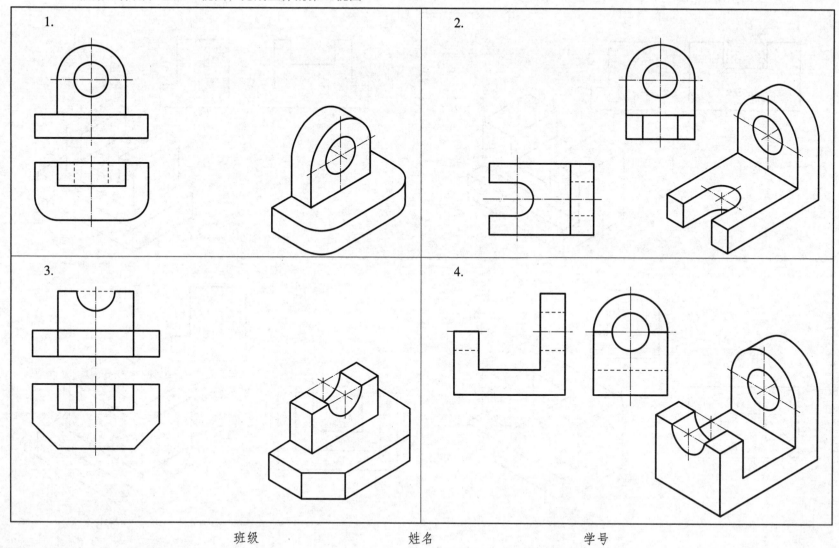

1.

2.

3.

4.

班级　　　　　　　姓名　　　　　　　学号

第二章 点、线、面的投影

一、内容概要

1. 目的要求

点、线、面是构成形体的基本几何要素，任何形体都是由点、线、面所确定的，点、线、面的投影是作形体投影的基础，所以必须熟练掌握。

通过本章的学习，掌握点、线、面的投影规律，各要素之间的相对位置以及它们之间的从属关系。

（1）点、线、面投影的作图步骤。

①分析题意，明确已知和所求。

②根据已知条件，作出所求投影。

（2）点、线、面的作图要求。

①在作图时，点用小圆或小黑点表示。

②作图线用细实线，不要作的过长，够用即可，长出部分擦掉。

③直线用粗实线（不可见线用虚线）表示，要与作图线有明显区分。

④为了清晰，直线、平面上的点也需用小圆表示。

2. 重、难点

（1）点、线、面的投影规律。

（2）点、线、面的空间位置。

（3）点与点，点与线、面，线与线，线与面，面与面的相对位置。

（4）求交点、交线及重影点可见性的判定。

二、题目类型

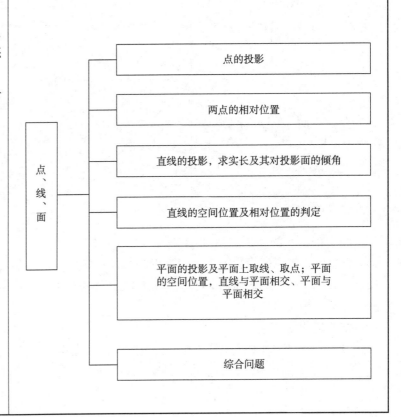

题目 已知点 A、B 的两面投影求出第三面投影，并判断两点的相对位置（填在括号内）。

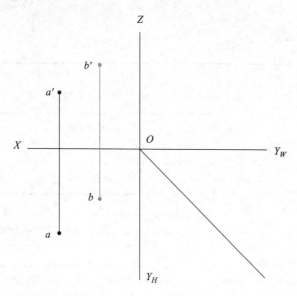

点 A 在点 B 的 （ ）、（ ）、（ ） 方。

分析 根据点的投影规律，知道点的二面投影即可求出第三面投影"二求三"，从投影图形上，可知点 A、B 和各自坐标，根据坐标即可判断相对位置。

作图步骤：

（1）过 a 作水平线与45°线相交，过交点作竖直线；

（2）过 a' 作水平线，与竖直线的交点即为 a''。

同理作出 b''。

从投影图中可知：$X_A > X_B$，点 A 在点 B 的左方；$Y_A > Y_B$，点 A 在点 B 的前方；$Z_A < Z_B$，点 A 在点 B 的下方。

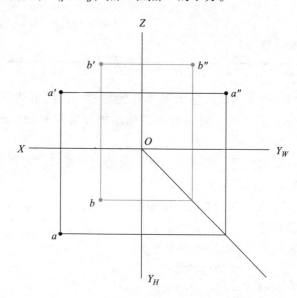

点 A 在点 B 的 （ 左 ）、（ 下 ）、（ 前 ） 方。

题目　已知直线 $AB /\!/ CD$，D 点到 H 面的距离为 25 mm，试完成 CD 的投影。

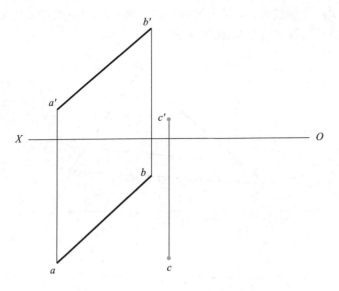

分析　作直线 CD 的投影，因为 C 点的投影为已知，关键求 D 点的投影。因为 $AB /\!/ CD$，根据平行两线的投影特性可知，$ab /\!/ cd$，$a'b' /\!/ c'd'$，d、d' 一定在过 c、c' 所作的 ab、$a'b'$ 的平行线上，又因为 D 点到 H 面的距离为 25 mm，说明 D 点的 Z 坐标为 25 mm，从而确定 d'，由 d' 求 d。

作图步骤

（1）过 c 作 ab 的平行线，过 c' 作 $a'b'$ 的平行线；

（2）作 X 轴平行线，距离为 25 mm，与过 c' 所作的平行线的交点即为 d'；

（3）过 d' 作 X 轴的垂线，与过 c 所作的平行线的交点即为 d；

（4）将 CD 的投影 cd 和 $c'd'$ 加深为粗实线。

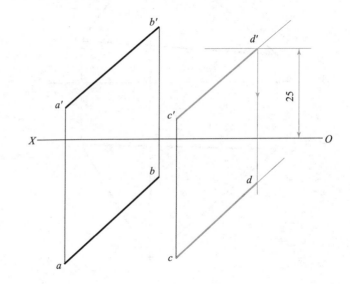

题目　在△ABC上作一条距V面为25 mm的正平线。（直线段，长度自定）。

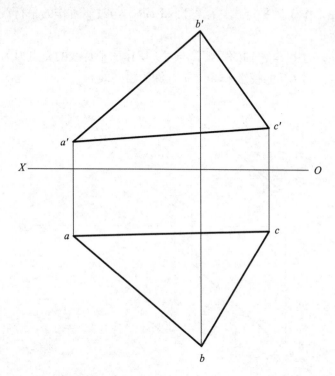

分析　如果直线上两个点在平面上，则直线一定在平面上。根据已知条件，作出符合题意的两个点，然后两点连线即得到直线的投影。

作图步骤

（1）作距X轴25 mm的平行线，与ab交于m，与bc交于n；

（2）分别过m、n作X轴的垂线，与a'b'、b'c'交于m'、n'；

（3）连线mn、m'n'即为所求。

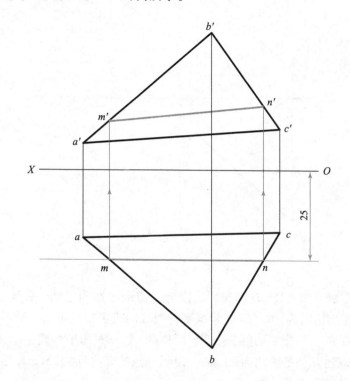

班级　　　　　　姓名　　　　　　学号

1. 已知各点的轴测图，求作它们的投影。

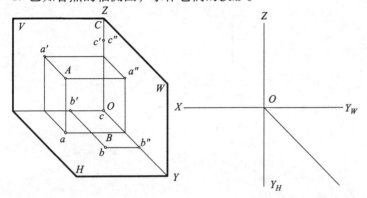

2. 根据点的投影图，画出各点的轴测图。

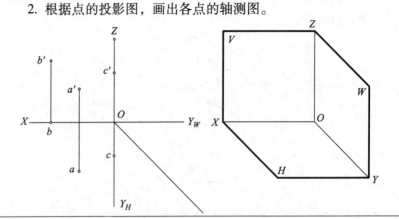

3. 已知点 A 坐标为（20、8、15），点 B 在其左 5 mm、前 8 mm、下 5 mm；点 C 距 V 面 5 mm，距 H 面 8 mm，在点 A 左 5 mm。求作 A、B、C 的投影。

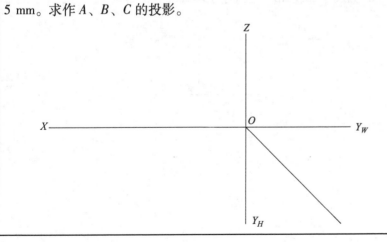

4. 已知点 A 的三面投影、点 B 的两面投影，求作点 B 的第三面投影，根据投影判断：点 A 在点 B（   ）、（   ）、（   ）方。

1. 作出直线 AB 的第三面投影，并判断相对于投影面的空间位置（填在横线上）。

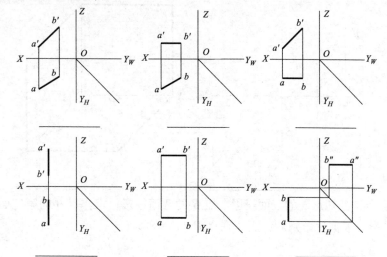

2. 分别用从属性和定比性来判断点 K 是否在直线 AB 上。

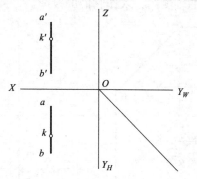

点 K 是否在直线 AB 上＿＿＿＿。

3. 已知水平线 AB 与 V 面的倾度为 30°，长度为 15 mm，试完成其三面投影。（想一想有几个答案）

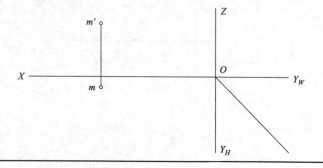

4. 完成正平线 AB 的三面投影。

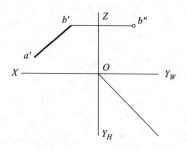

1. 判断两直线 *AB* 和 *CD* 的相对位置（平行、相交、交叉）。

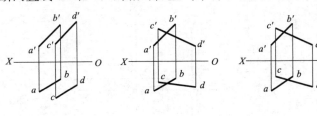
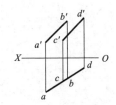
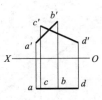
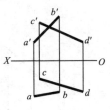

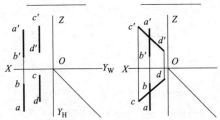
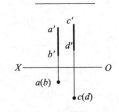
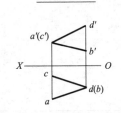
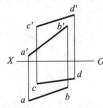
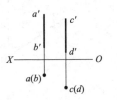

2. 求一般位置线的实长及对三个投影面的倾角 α、β、γ。

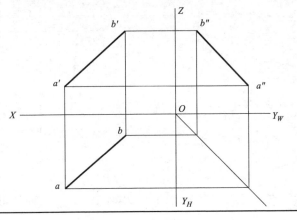

3. 已知两直线 *AB* 和 *CD* 相交于 *B* 点，且交点 *B* 距 *H* 面的距离为 15 mm，试完成直线 *AB* 的投影。

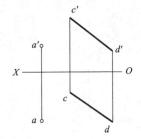

班级　　　　　　　姓名　　　　　　　学号

1. 作一条距 *V* 面 10 mm 的正平线，且同时与 *AB*、*CD* 直线相交。

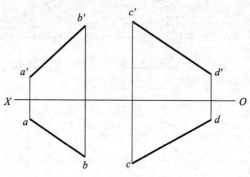

2. 已知 *AB* // *CD*，*CD* = 15 mm，试完成 *AB*、*CD* 的三面投影。

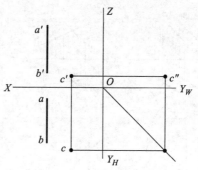

3. 试作出重影点的投影，并判断可见性。

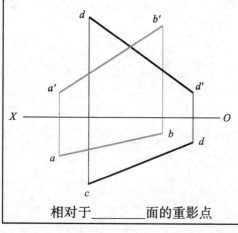

相对于_____面的重影点

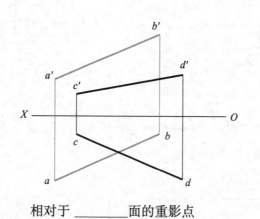

相对于_____面的重影点

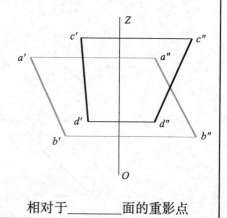

相对于_____面的重影点

班级　　　　　　　　姓名　　　　　　　　学号

— 16 —

1. 求作点 C 到正平线 AB 的距离。

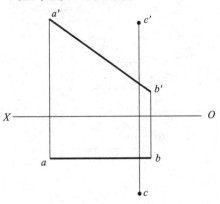

2. 已知三棱锥高为 20 mm，试完成各顶点及三棱锥的正面和侧面投影

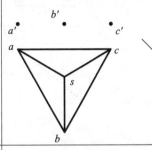

判断各直线对投影面的相对位置：SA 是____线；SB 是____线；

SC 是____线；AB 是____线；

BC 是____线；AC 是____线。

3. 作一水平线，距 H 面 15 mm，且与 AB 和 CD 两直线相交。

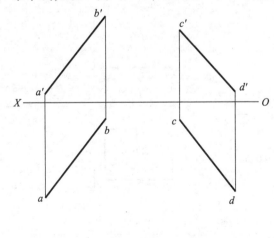

4. 过点 M 作一条与 AB 和 CD 同时相交的直线。

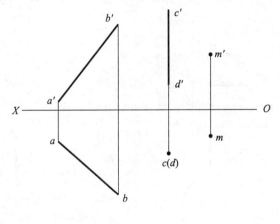

班级　　　　　　　姓名　　　　　　　学号

判断该平面与投影面的相对位置，填在横线上，并补画平面的第三面投影。

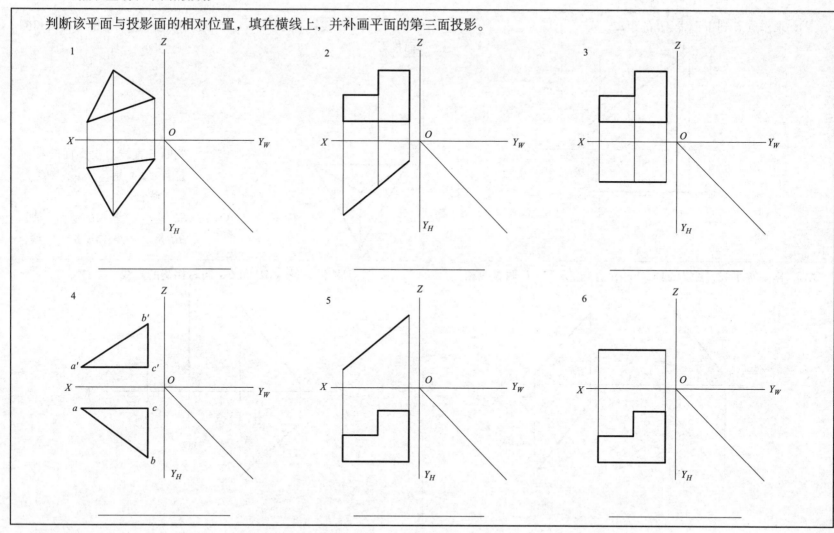

根据给定平面的一面投影，先判断该平面对投影的相对位置，然后确定平面的形状，画出另外两面投影，并标出相应的字母。（要求构思出不同形状的平面）

1.

2.

3.

4.

5.

6.

班级　　　　　　　　姓名　　　　　　　　学号

1. 在平面 ABC 上作一条距离 H 面为 15 mm 的水平线。

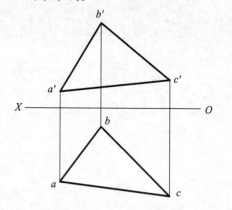

2. 判断直线 MN 是否在△ABC 所确定的平面上。

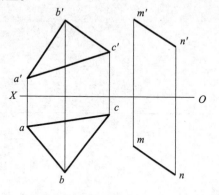

3. 判断点 K 是否在△ABC 平面上。

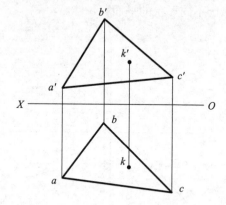

4. 已知 MN 在△ABC 所确定的平面上，求作 MN 的水平投影

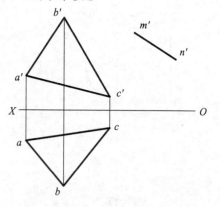

5. 试完成平面四边形 ABCD 的正面投影。

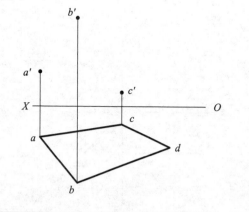

6. 已知点 M 在平面△ABC 上，过 M 点作一水平线，并求出 M 点的水平投影。

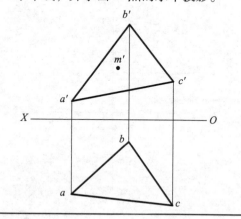

班级　　　　　　　　姓名　　　　　　　　学号

1. 试判断点 M 和点 N 是否在 △ABC 平面内。

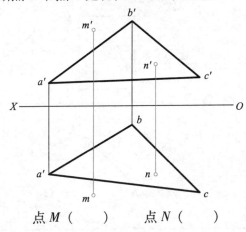

点 M（　　） 　　点 N（　　）

2. 已知平面四边形 $ABCD$ 的 AD 边是正平线，试完成四边形 $ABCD$ 的水平投影。

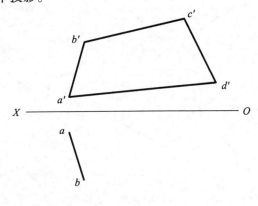

3. 试完成带缺口的 △ABC 的水平投影，其中 AB∥MN，BC∥NG。

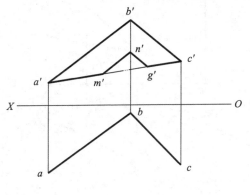

4. 已知点 M 在 △ABC 平面内，过点 M 在 △ABC 内作一条正平线。

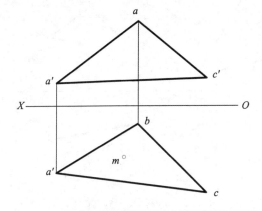

班级　　　　　　　姓名　　　　　　　学号

1. 判断直线与平面的相对位置、平面与平面的相对位置，其中（1）、（2）用作图判断。

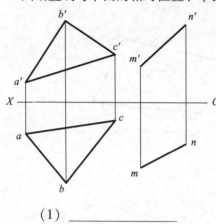

（1）_____

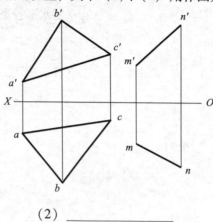

（2）_____

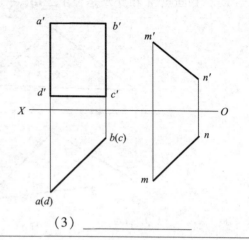

（3）_____

2. 判断平面与平面的相对位置，其中（1）用作图判断。

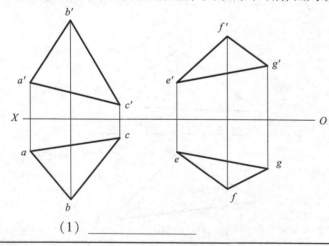

（1）_____

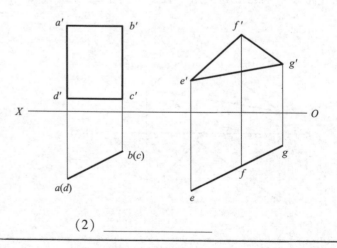

（2）_____

班级　　　　　　　姓名　　　　　　　学号

— 22 —

1. 求一般位置直线与特殊位置平面的交点，并判明可见性。

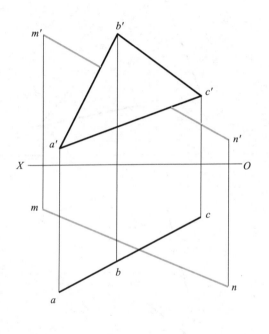

2. 求一般位置平面与特殊位置直线的交点，并判明可见性。

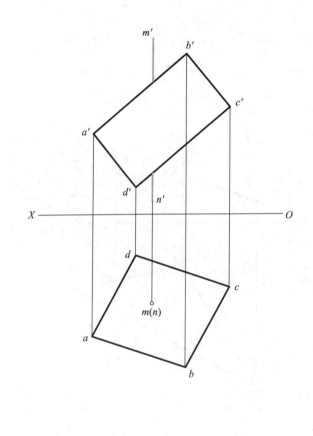

班级　　　　　姓名　　　　　学号

— 23 —

1. 求一般位置平面与特殊位置平面相交的交线，并判明可见性。

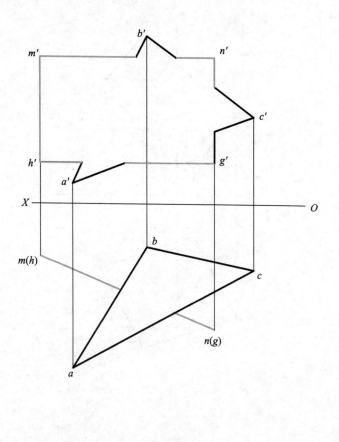

2. 求一般位置平面与一般位平面相交的交线，并判明可见性。

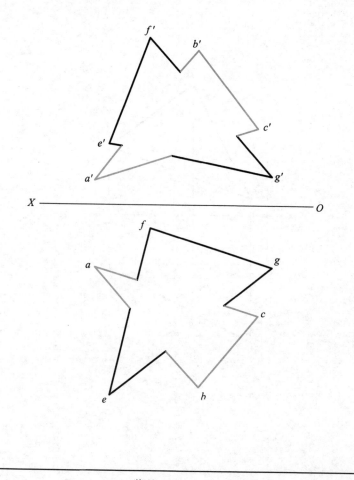

班级　　　　　姓名　　　　　学号

1. 求两面的交线，并判明可见性。

2. 根据轴测图，在三视图上标出平面 *ABCDE* 的投影（用对应的字母标注），并作出平面 *ABCDE* 上点 *M* 的投影。

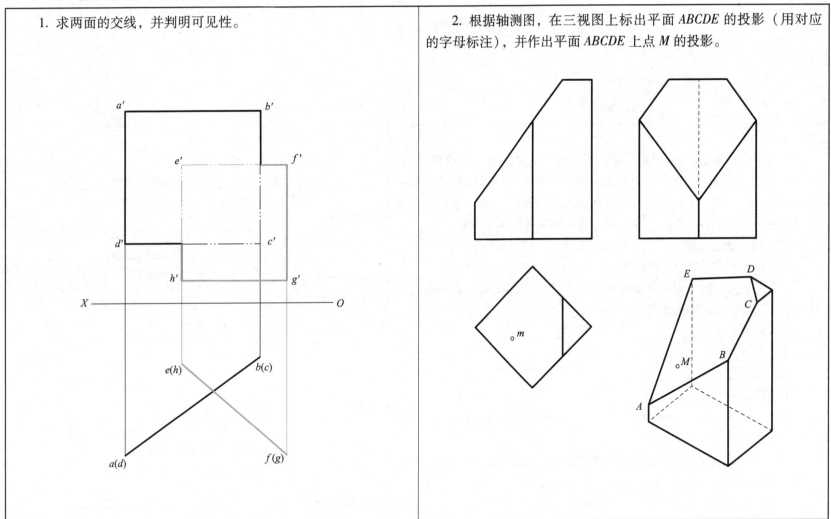

班级   姓名   学号

第三章　换面法

一、内容概要

1. 目的要求

换面法是图解空间几何问题的重要方法，是通过增设新的投影面，使从对原投影面处于一般位置的几何元素，变换到对新投影面处于有利于解题的特殊位置，从而解决空间几何要素的定位与度量问题。要求掌握换面法中的四个基本作图，并灵活运用换面法解决实际问题。

（1）换面法的步骤。

①分析题意，明确已知和所求。

②空间分析，将几何元素放到空间，弄清已知和所求元素的空间位置关系及有利于解题的投影位置。

③拟定换面程序。

④换面作图。

（2）作图要点。

①正确设置新投影轴位置。

②分别由各投影点作新轴的垂直线并度量确定点的新投影。

③连线求点。

（3）在换面法中必须注意，新投影面必须垂直于原投影体系中的某一投影面，所以基本作图中新投影面的选择很重要。

2. 重、难点

（1）换面原则。

二、题目类型

（2）点的一次换面作图规律。

（3）换面法中四个基本作图。

（4）四个基本作图能够求解的问题及作图要点。

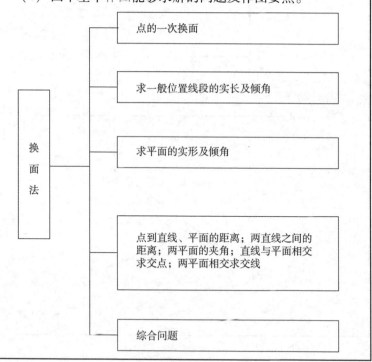

换面法
- 点的一次换面
- 求一般位置线段的实长及倾角
- 求平面的实形及倾角
- 点到直线、平面的距离；两直线之间的距离；两平面的夹角；直线与平面相交求交点；两平面相交求交线
- 综合问题

题目　作点 A 在新投影体系中的新投影。

分析　如图（a）所示，点 A 在 V/H 体系中的投影为 a'、a，假设按解题需要选取 V_1 面替换 V 面，使 $V_1 \perp H$，这样建立的投影体系 V_1/H 称为新体系，原体系 V/H 称为旧体系；a'、a、a_1' 分别称为旧投影、不变投影、新投影；X 与 X_1 分别称为旧轴和新轴。将各投影面展开到同一个平面上，如图（b）所示。

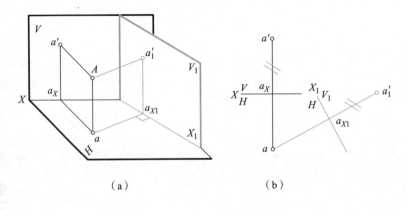

（a）　　　　　（b）

点的换面投影规律：新投影与不变投影的连线垂直于新轴（即 $aa_1' \perp X_1$），新投影到新轴的距离等于旧投影到旧轴的距离，$a_1'a_{X1} = a'a_X$。

作图步骤

（1）按条件在适当位置作 X_1 轴。

（2）过不变投影 a 作 X_1 的垂线 aa_{X1}。

（3）在 aa_{X1} 延长线上取新投影 a_1'，使 $a_1'a_{X1} = a'a_X$。

按解题需要也可以设立 H_1 替换 H。

题目　求直线 AB 的实长和直线对 H 面、V 面的倾角。

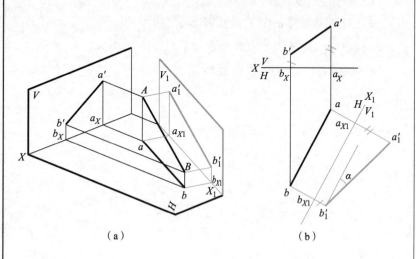

（a）　　　　　（b）

分析　图（a）所示为将一般位置直线 AB 变换为新投影面 V_1 的平行线，AB 在 V_1 面上的投影 $a_1'b_1'$ 反映 AB 的实长，$a_1'b_1'$ 与 X_1 轴的夹角将反映 AB 对 H 面的倾角 α。

作图步骤

（1）作新投影轴 $X_1 /\!/ ab$［图（b）］。

（2）分别由 a、b 两点作 X_1 轴的垂线，与 X_1 轴交于 a_{X1}、b_{X1}，然后在垂线上量取 $a_1' a_{X1} = a' a_X$，$b_1' b_{X1} = b' b_X$，得到新投影 a_1'、b_1'。

（3）连接 a_1'、b_1' 得投影 $a_1'b_1'$，它反映 AB 的实长，与 X_1 轴的夹角反映 AB 对 H 面的倾角 α。

1. 求点 A 的新投影 a_1。

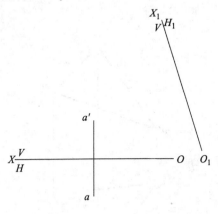

3. 求三角形 ABC 的实形。

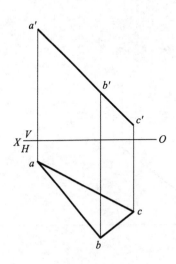

2. 求直线 AB 的实长和直线对 H 面、V 面的倾角。

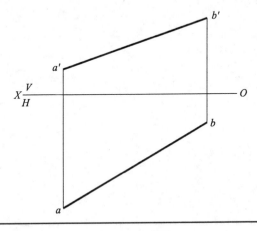

4. $AB = 40$ mm，完成 AB 的正面投影及对 V 面的倾角。

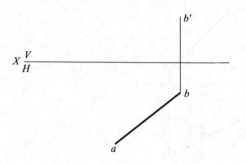

5. 求平面 ABC 对 V 面的倾角。

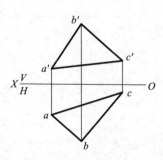

6. 求点 M 到平面 ABC 的距离。

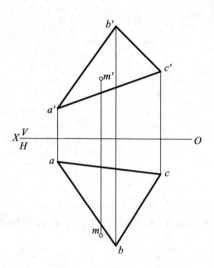

班级　　　　　　　　姓名　　　　　　　　学号

7. 求作等边三角形 *ABC* 的水平投影。

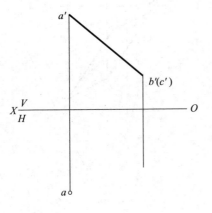

8. 在直线 *AB* 上取一点 *C*，使它到 *M*、*N* 两点的距离相等。

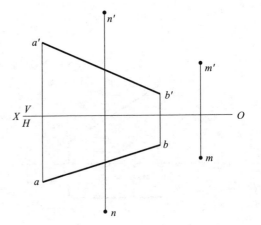

班级　　　　　　　　姓名　　　　　　　　学号

9. 正方形 *ABCD*，其中 *AB* 为正平线，点 *C* 在 *B* 的前上方，*ABCD* 对 *V* 面的倾角为 45°，补全正方形的两面投影。

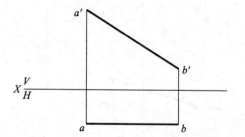

10. 求直线 *EF* 在 *ABCD* 平面上的正投影。

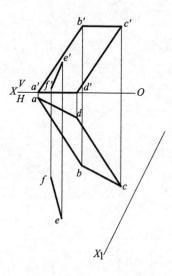

班级　　　　　　　姓名　　　　　　　学号

11. 求平行两直线 *AB*、*CD* 之间的距离。

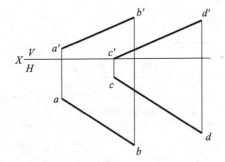

12. 求平行四边形 *ABCD* 的实形。

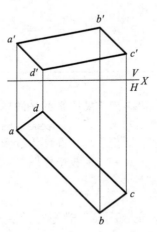

班级　　　　　　　　姓名　　　　　　　　学号

第四章 立体投影

一、内容概要

1. 目的要求

几何立体投影是复杂形体投影的基础，要求熟练掌握平面立体包括棱柱、棱锥、棱台投影规律及准确的三视图画法，掌握其表面上的点和线投影作图方法，熟练掌握回转体包括圆柱、圆锥、球、圆环体投影规律及准确的三视图画法，掌握这些回转体表面上点和线的投影作图。

（1）平面立体、回转体三视图绘制步骤。

①分析形状，明确形体的空间位置。

②确定投射方向，先绘制特征明显的视图，一般先绘制多边形底面，再结合三等规律完成其他视图。

③注意视图中不可见棱线要用虚线表达。

④对于对称图形，注意绘制中心对称线，并注意线型的选用。

⑤检查视图绘制是否完整、准确。

（2）立体表面上的点和线作图。

①根据已知条件准确判断点、线所在立体表面上的空间位置。

②利用素线法、截面法、辅助圆法及点的投影规律进行作图。

③判别所求点或线投影的可见性。

平面几何体和回转体三视图作图并不困难，注意积累这些基本形体视图特点，为今后学习复杂形体投影打好基础。

2. 重、难点

（1）棱柱、棱锥、圆柱、圆锥、球、圆环体三视图。

（2）立体表面上点和线空间位置分析。

（3）素线法、辅助圆法、截面法。

二、题目类型

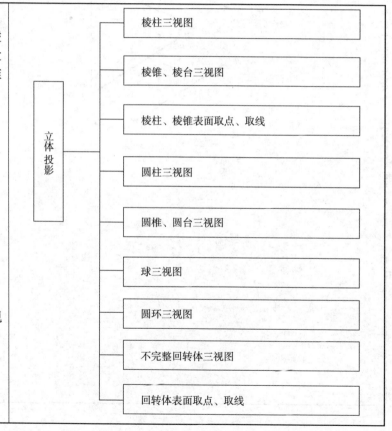

棱柱三视图

棱锥、棱台三视图

棱柱、棱锥表面取点、取线

立体投影

圆柱三视图

圆锥、圆台三视图

球三视图

圆环三视图

不完整回转体三视图

回转体表面取点、取线

题目　补画六棱柱第三投影。

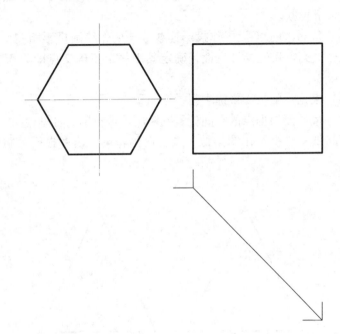

作图步骤

（1）从左视图向水平投影面作两端面投影连线。

（2）从主视图各个棱线向水平投影面作投影连线。

（3）保留有用的轮廓线，注意选择线型。

（4）注意俯视图是对称图形，因此要按规定绘制中心对称线。

（5）检查视图，完成作图。

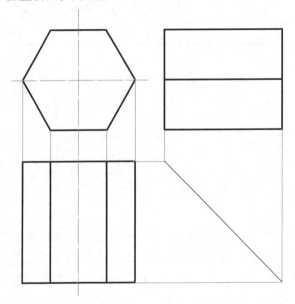

分析　主视图是正六边形，反映正六棱柱端面形状大小，从所给视图中，很容易确定六棱柱的空间位置及投射方向。左视图反映了六棱柱整体的高度，作图过程中要想象六棱柱的空间形状，这一点很重要，根据三等规律补画俯视图。

题目 已知圆锥表面上点 M、N、K 的一面投影，求各点另外两面投影。

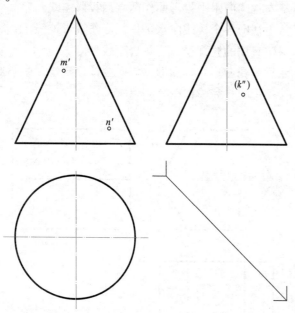

分析 根据所给点的投影及其位置情况，先判断好各个点的空间位置，根据 m' 的可见性及位置，确定 M 点在前半锥左侧锥面上；根据 n' 的可见性及位置，确定 N 点在前半锥右侧锥面上；根据（k''）的可见性及位置，确定 K 点在后半锥右侧锥面上。利用纬圆法作图取得各个点的水平投影 m、n、k，再根据点的两面投影求第三投影。

作图步骤

（1）过 m' 作纬圆正面投影积聚的线并和圆锥正面投影相交。

（2）由其中的一个交点向水平投影作连线，交于水平投影对称线，从该交点到圆锥水平投影中心即为纬圆水平投影半径，然后画出纬圆水平投影。

（3）从 m' 向水平投影作投影连线，与所作纬圆投影相交，有两个交点，根据空间位置可见性，确定其中一个正确交点即为 M 点的水平投影 m。

（4）根据点的投影规律求得投影 m''。

（5）最后要根据点的空间位置判断所求得投影的可见性。

N 点和 K 点投影作图类似，结合已给作图，读者自行分析作图过程。

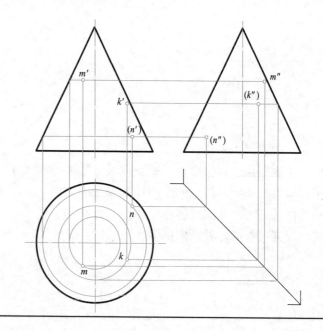

1. 补画五棱柱俯视图

2. 补画四棱柱左视图。

3. 补画五棱锥左视图

4. 补正四棱台主视图

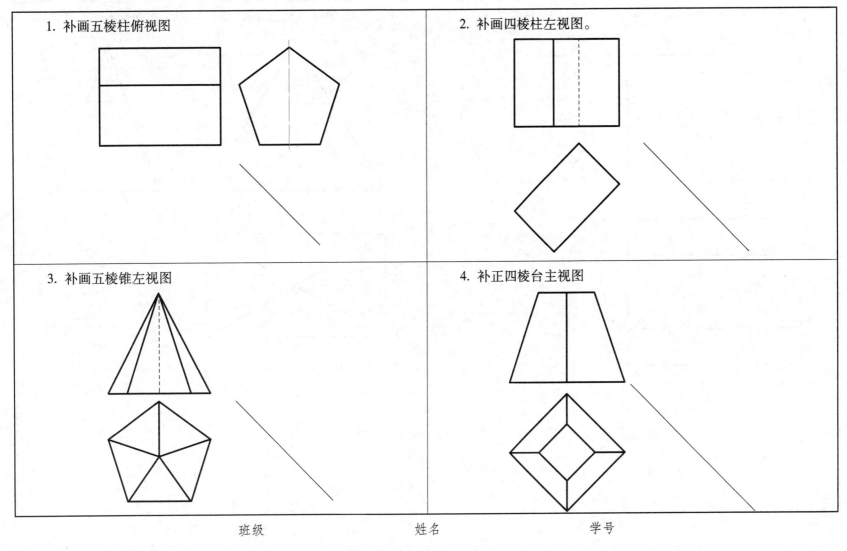

班级   姓名   学号

1. 完成六棱柱表面上点 A、B、C、D、E 的另两面投影。

2. 完成四棱锥表面上点 A、B、C、D 另两面投影。

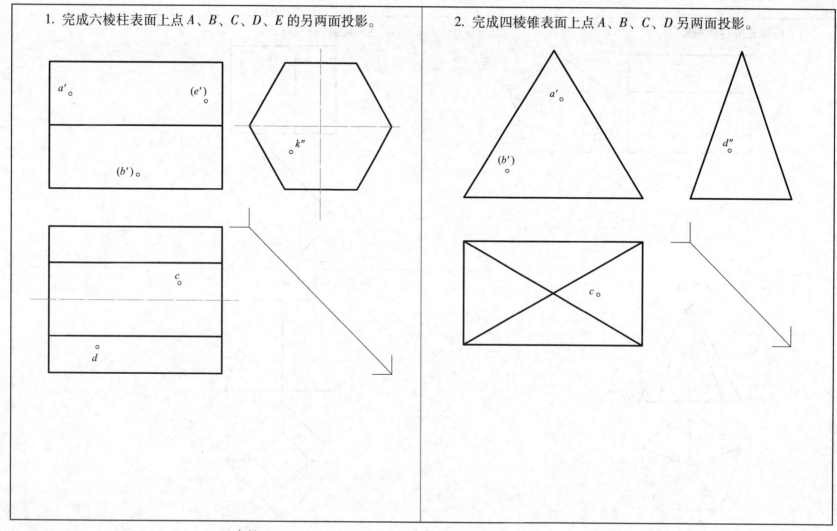

班级　　　　　　　姓名　　　　　　　学号

3. 已知三棱锥表面上五点 A、B、C、D、E 的一面投影，求这五点另两面投影。

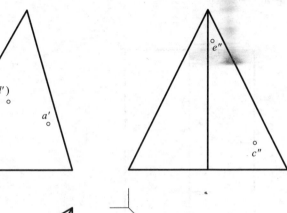

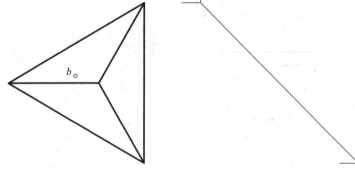

4. 已知正四棱台表面上五点 A、B、C、D、E 的一面投影，求这五点的另两面投影。

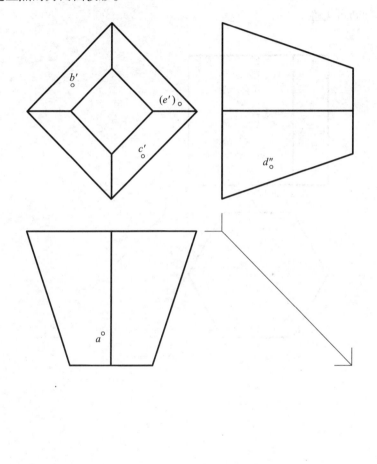

1. 补画六棱柱左视图，作出六棱柱表面折线 *ABCD* 侧面投影，并判断可见性。

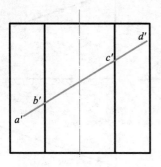

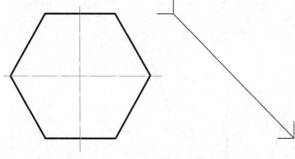

2. 补画三棱柱左视图，作出三棱柱表面折线 *ABCD* 侧面投影，并判断可见性。

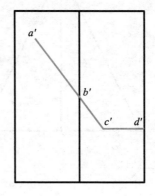

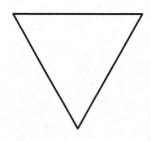

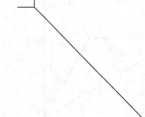

班级　　　　　　　　姓名　　　　　　　　学号

3. 补画四棱柱主视图，并作出四棱柱表面折线 *ABCD* 的正面投影。

4. 补画五棱柱主视图，作出五棱柱表面折线 *ABCDE* 的正面投影，并判断可见性。

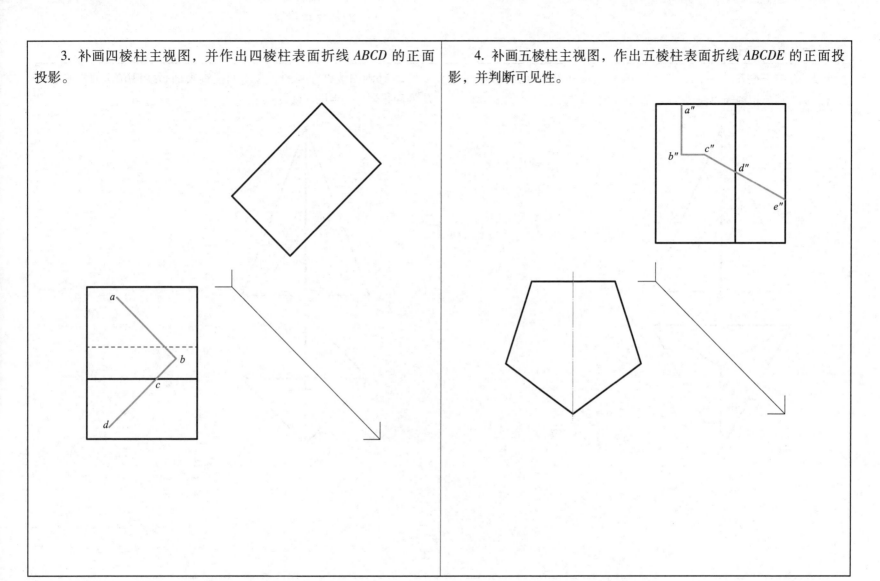

1. 补画三棱锥左视图，作出三棱锥表面折线 *ABC* 的水平投影及侧面投影，并判断可见性。

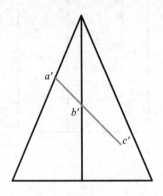

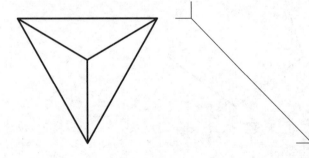

2. 补画四棱锥左视图，作出四棱锥表面折线 *ABCD* 的水平投影及侧面投影，并判断可见性。

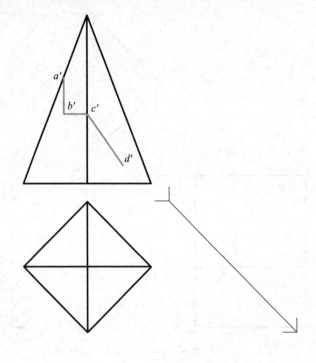

班级　　　　　　　　姓名　　　　　　　　学号

3. 补画四棱台左视图，作出四棱台表面折线 *ABCDE* 的水平投影及侧面投影。

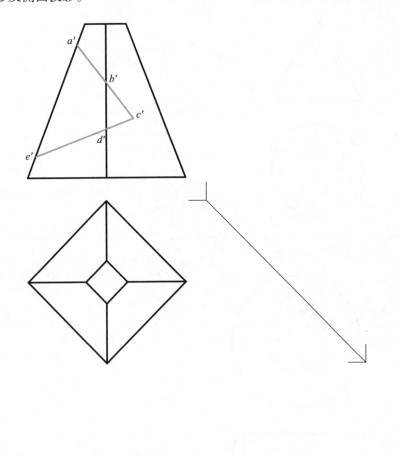

4. 补画五棱台左视图，作出五棱台表面折线 *ABCDE* 的水平投影及侧面投影，并判断可见性。

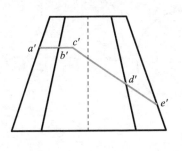

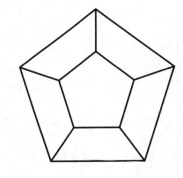

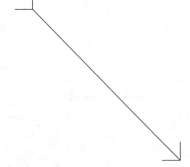

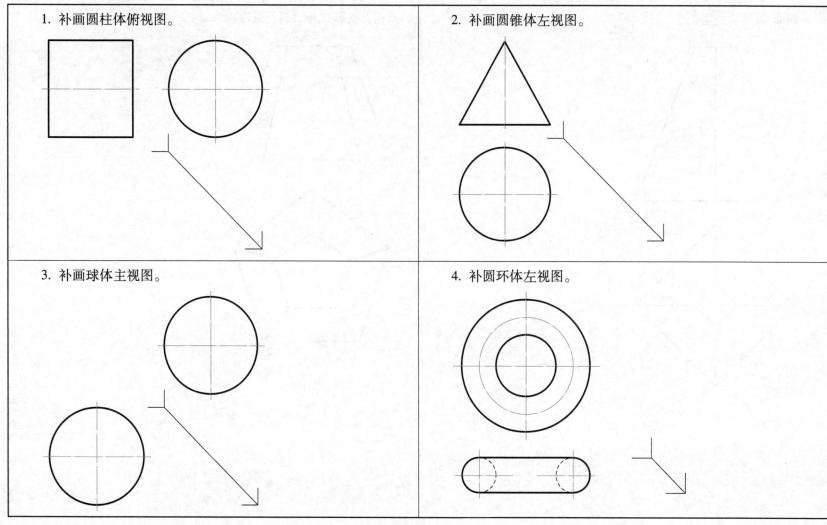

1. 补画圆柱体俯视图。

2. 补画圆锥体左视图。

3. 补画球体主视图。

4. 补圆环体左视图。

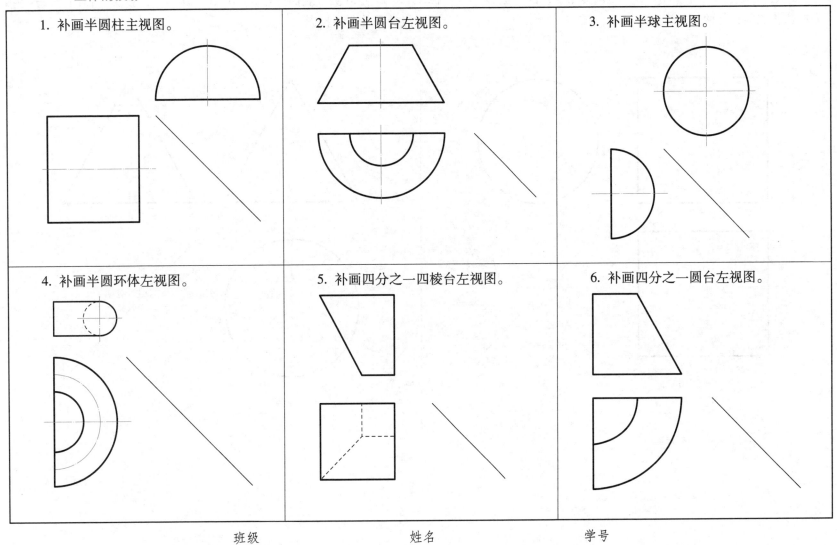

1. 补画半圆柱主视图。

2. 补画半圆台左视图。

3. 补画半球主视图。

4. 补画半圆环体左视图。

5. 补画四分之一四棱台左视图。

6. 补画四分之一圆台左视图。

班级　　　　　　　姓名　　　　　　　学号

1. 已知圆柱表面上点 A、B、C、D、E、F 的一面投影，作图完成这些点的另外两面投影。

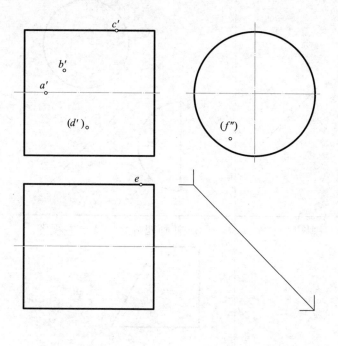

2. 已知圆锥表面上点 A、B、C、D 的一面投影，作图完成这些点的另外两面投影。

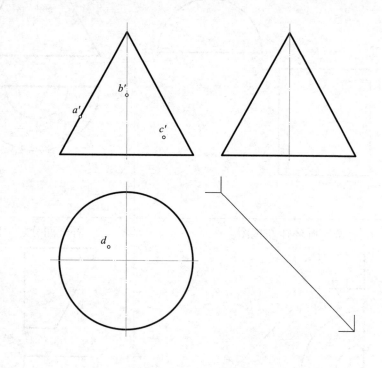

3. 已知球体表面上点 *A*、*B*、*C*、*D* 的一面投影，作图完成这些点的另外两面投影。

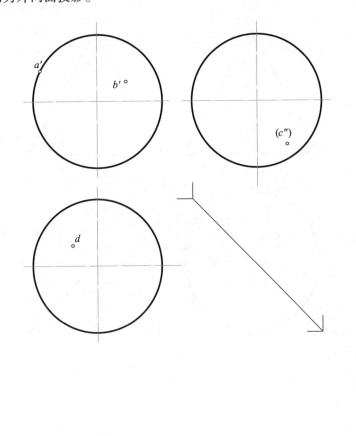

4. 已知圆环体表面上点 *A*、*B*、*C* 的一面投影，作图完成这些点的另外两面投影。

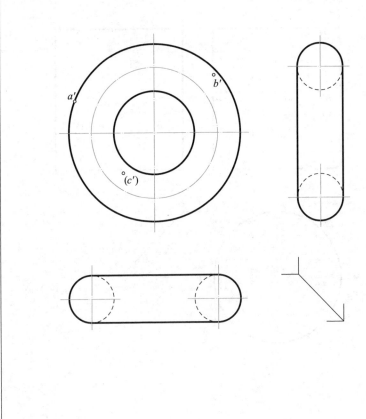

班级　　　　　　姓名　　　　　　学号

— 47 —

1. 已知圆柱表面上线 *ABCD* 的一面投影，作图完该线的另外两面投影。

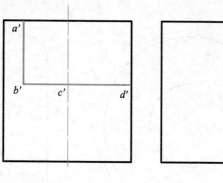

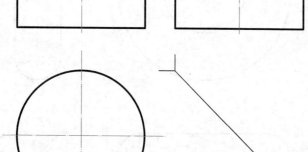

2. 已知圆锥表面上线 *ABCD* 的一面投影，作图完成该线的另外两面投影。

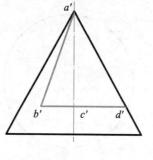

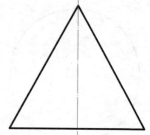

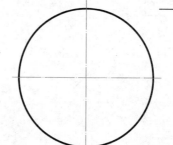

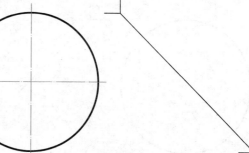

3. 已知球体表面上线 *ABCD* 的一面投影，作图完成该线的另外两面投影。

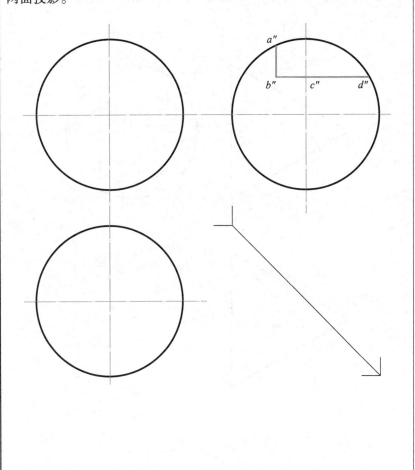

4. 已知半圆柱表面上线 *ABC* 的一面投影，作图完成该线的另外两面投影。

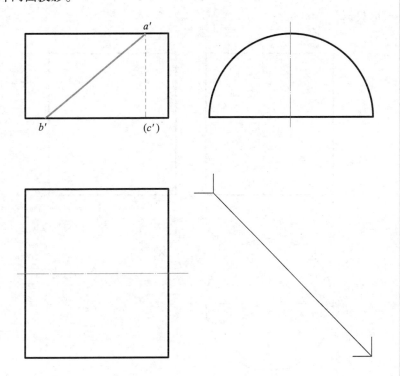

班级　　　　　　　姓名　　　　　　　学号

— 49 —

1. 已知圆柱表面上线 *ABCD* 的一面投影，作图完成该线的另外两面投影。

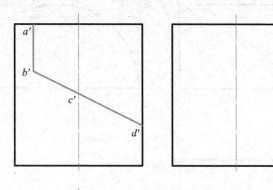

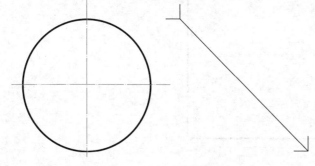

2. 已知圆锥表面上线 *ABCDEF* 的一面投影，作图完成该线的另外两面投影。

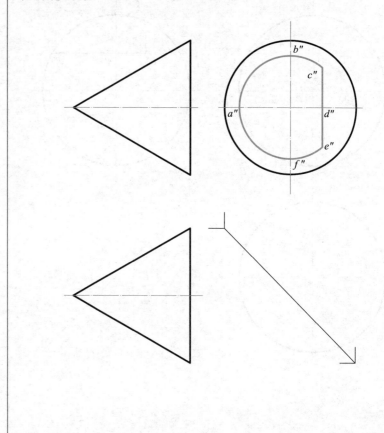

班级　　　　　　　姓名　　　　　　　学号

3. 已知球体表面上线 *ABCDE* 的一面投影，作图完成该线的另外两面投影。

4. 已知半圆柱表面上线 *ABCDE* 的一面投影，作图完成该线的另外两面投影。

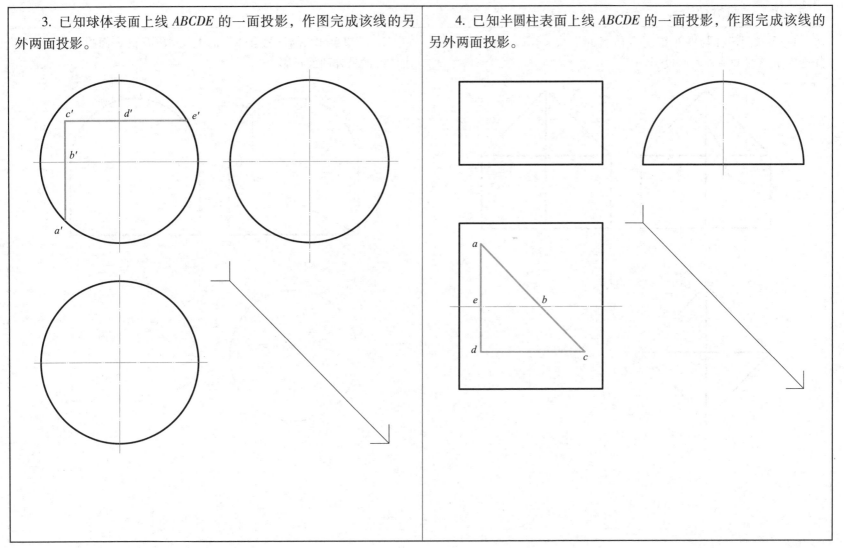

1. 已知四棱柱与四棱锥复合体表面上线 *ABCDE* 的一面投影，作图完成该线的另外两面投影。

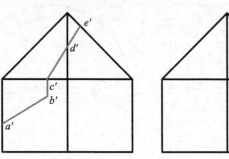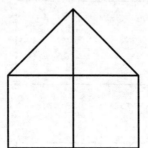

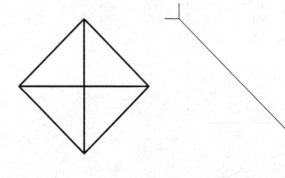

2. 已知半球与圆柱复合体表面上线 *ABCD* 的一面投影，作图完成该线的另外两面投影。

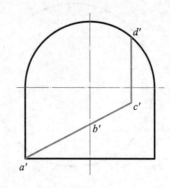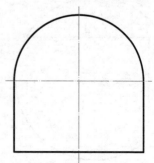

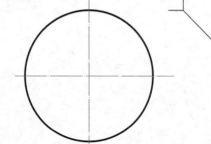

班级　　　　　　姓名　　　　　　学号

3. 已知圆台与圆柱复合体表面上线 *ABCDEF* 的一面投影，作图完成该线的另外两面投影。

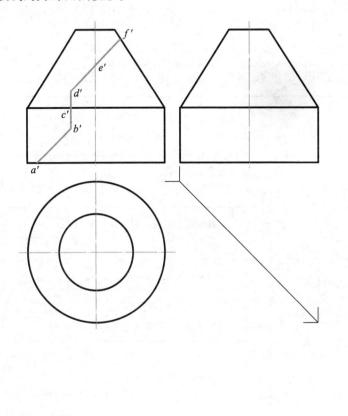

4. 已知圆锥与圆柱复合体表面上线 *ABCD* 的一面投影，作图完成该线的另外两面投影。

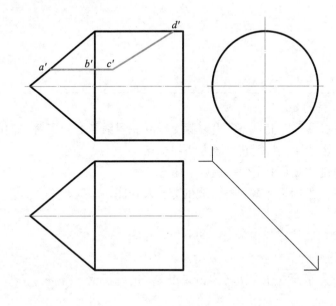

第五章 截交与相贯

一、内容概要

1. 目的要求

在机器零件上，经常出现截交线和相贯线，必须了解它们的形成及投影特性，掌握其作图方法和步骤。

通过学习要求学生掌握以下内容：

（1）平面立体截切截交线的分析及作图。

（重点为棱柱、棱锥的截切）

（2）回转体截切截交线的分析及作图。

（重点为圆柱、圆锥、圆球的截切）

（3）平面立体与回转体相交相贯线的分析及作图。

（平曲相贯，就是求截交线与贯穿点）

（4）回转体相交相贯线的分析及作图。

（掌握积聚性法和辅助平面法的作图原理）

2. 重、难点

（1）平面立体截切。

（2）回转体截切。

（3）平面立体与回转体相贯。

（4）回转体相贯。

二、题目类型

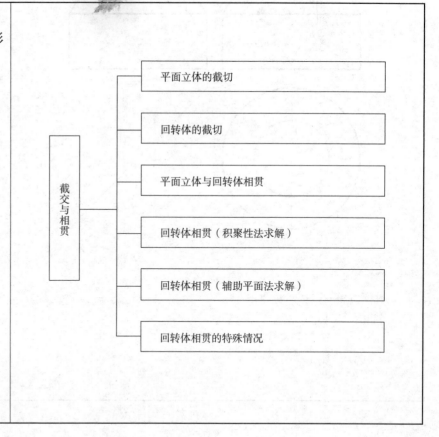

截交与相贯
- 平面立体的截切
- 回转体的截切
- 平面立体与回转体相贯
- 回转体相贯（积聚性法求解）
- 回转体相贯（辅助平面法求解）
- 回转体相贯的特殊情况

题目　完成立体截切后的水平投影，并补画侧面投影。

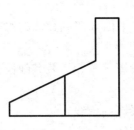

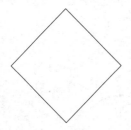

分析　此题为平面立体的截切问题，由于此棱柱的侧棱面水平投影有积聚性，故求解截交线的投影时要注意交线水平投影部分已知的特点。

四棱柱左端由两个相交的平面——正垂面和侧平面截切，正垂面截切立体产生的截交线为五边形，水平投影和侧面投影都为五边形（类似性），水平投影缺一条投影线，侧平投影待求；侧平面截切立体产生的截交线为矩形，水平投影积聚为直线段（待求），侧面投影为矩形，反映实形（待求）。

（1）补全交线的水平投影（一条线段，积聚性）。

（2）定出45°辅助线的位置，用细实线画出四棱柱没有被截切之前的完整的投影（矩形框）。

（3）画出正垂面截切截交线的侧面投影——五边形（棱柱表面取点）。

（4）画出侧平面截切截交线的侧面投影——矩形（实形性）。

（5）检查棱线的侧面投影，按规定线型描深，完成全图。

注意虚线不要遗漏。

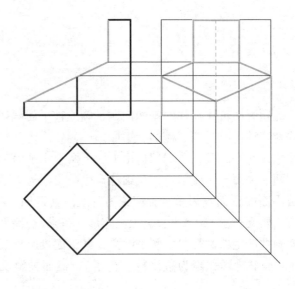

题目　补全圆柱被截切后的侧面投影，补画水平投影。

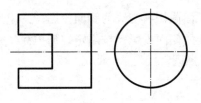

分析　此题为回转体圆柱的截切问题，圆柱被平面截切，表面产生的交线就三种情况（圆、椭圆、矩形）。

此圆柱轴线水平放置，左端切口由上、下两个水平面和一个侧平面组成。两水平面与轴线平行，截圆柱产生的交线为矩形，其正面投影与截平面的正面投影重合，积聚为直线段（已知），侧面投影积聚为直线段（待求），水平投影反映实形（待求）。侧平面与轴线垂直，截圆柱产生的截交线为侧平圆弧，其正面投影积聚为直线段（已知），水平投影积聚为直线段（待求），侧面投影反映实形（已知）。

作图步骤

（1）补全水平面截切截交线的侧面投影（上、下两条线段，积聚性）。

（2）定出45°辅助线的位置，画出水平面截切截交线的水平投影（矩形，实形性）。

（3）画出侧平面截切截交线的水平投影（前、后两条线段，积聚性）

（4）画出截平面之间截交线的水平投影（虚线）。

（5）补全圆柱轮廓线的投影，完成全图。

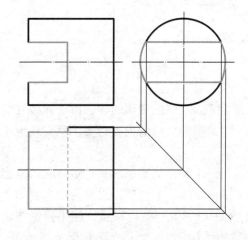

题目 补全相交立体的正面投影。

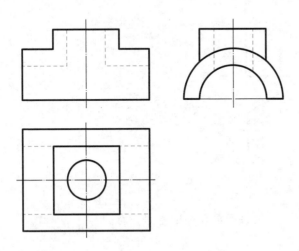

分析 此题为两立体相交求相贯线的问题，水平放置的半圆柱筒上方相贯一穿孔四棱柱。两立体外表面相交产生的交线为平曲相贯问题，内表面相交为回转体相贯问题（交线为一条闭合的空间曲线）。

两立体外表面交线的水平投影和侧面投影已知，分别在两立体有积聚性的投影上（四边形和大圆弧上），两立体内表面交线的水平投影和侧面投影已知，分别在圆柱面有积聚性的投影上（小圆周和小圆弧上），正面投影待求。

作图步骤

（1）求棱柱侧棱面与圆柱外表面的交线的正面投影，即平曲相贯（求几段截交线的组合）。

（2）求两圆柱孔内表面交线的正面投影（不可见，画出虚线），求解方法为积聚性法。

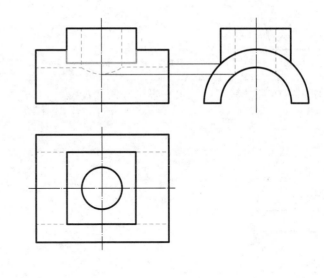

1. 作出五棱锥被正垂面截切后的水平投影和侧面投影。

2. 作出六棱柱被截切后的侧面投影。

3. 作出三棱锥被截切后的水平投影和侧面投影。

4. 作出五棱柱被截切后的水平投影。

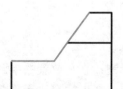
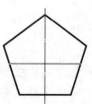

班级　　　　　　　姓名　　　　　　　学号

1. 作出四棱锥被截切后的水平投影和侧面投影。

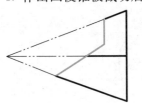 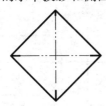

2. 作出穿孔三棱柱的侧面投影。

通孔

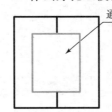

3. 完成穿孔四棱台的水平投影和侧面投影。

通孔

 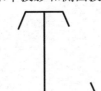

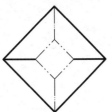

4. 作出穿孔六棱柱被截切后的侧面投影。

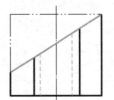

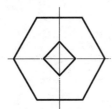

1. 完成圆柱被正垂面截切后的侧面投影。

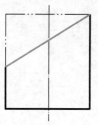

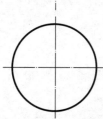

2. 完成圆柱被截切后的水平投影。

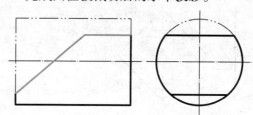

3. 完成圆柱被截切后的侧面投影。

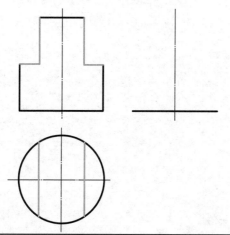

4. 补全圆柱被截切后的水平投影，并补画侧面投影。

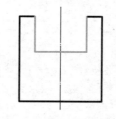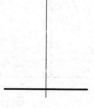

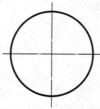

班级　　　　　　　姓名　　　　　　　学号

1. 补全圆柱被截切后的水平投影，并补画侧面投影。

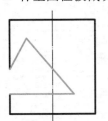

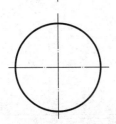

2. 补画穿孔圆柱的侧面投影。

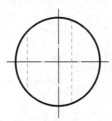

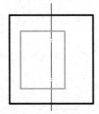

3. 补画圆柱筒被截切后的水平投影。

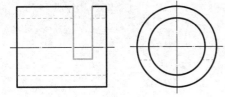

4. 补画圆柱筒被截切后的水平投影。

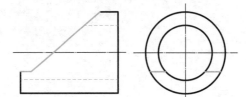

班级　　　　　　　　姓名　　　　　　　　学号

1. 完成圆锥被正垂面截切后的水平投影和侧面投影。

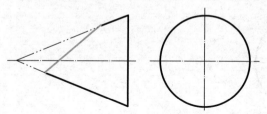

2. 完成圆锥被截切后的水平投影和侧面投影。

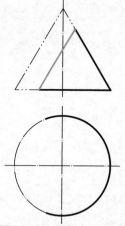

3. 完成圆锥被截切后的水平投影和侧面投影。

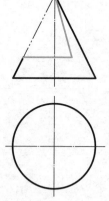

4. 完成圆锥被截切后的水平投影和侧面投影。

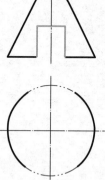

1. 补全半球被截切后的正面投影和水平投影。

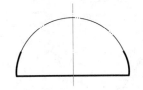 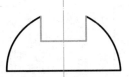

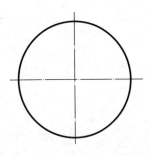

2. 完成圆球被截切后的水平投影和侧面投影。

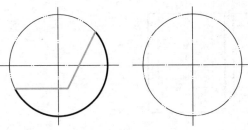

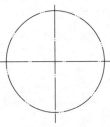

3. 完成组合回转体被截切后的水平投影和侧面投影。

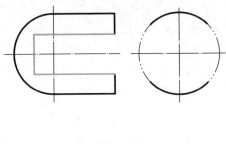

4. 完成组合回转体被截切后的水平投影。

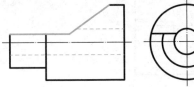

班级　　　　　　　姓名　　　　　　　学号

1. 补全立体的正面投影和侧面投影。

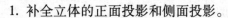
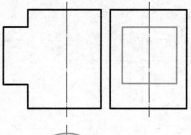
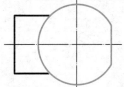

2. 补全立体的正面投影和侧面投影。

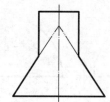
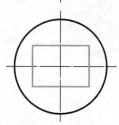

3. 补全立体的正面投影。

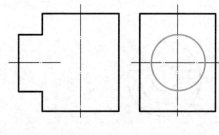
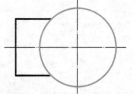

4. 补全立体的正面投影。

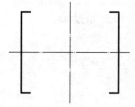
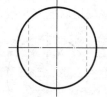
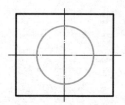

班级　　　　　　　　　姓名　　　　　　　　　学号

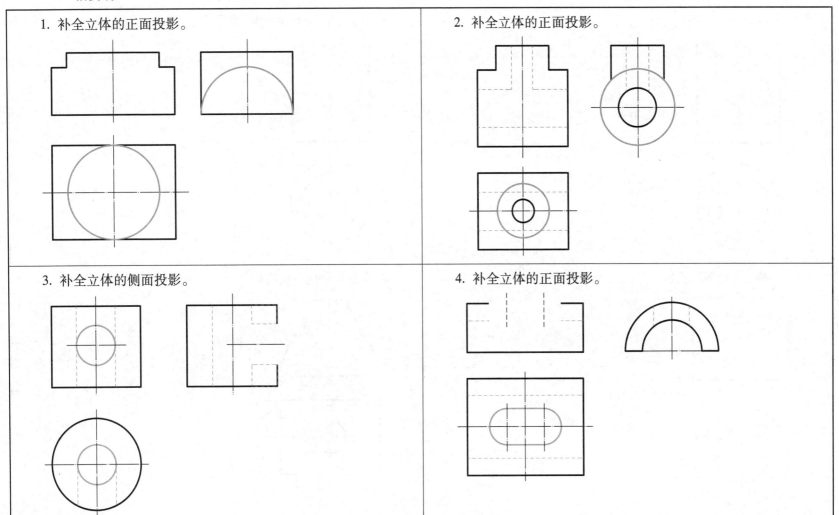

1. 补全立体的正面投影。

2. 补全立体的正面投影。

3. 补全立体的侧面投影。

4. 补全立体的正面投影。

班级　　　　　姓名　　　　　学号

1. 补画立体的侧面投影。

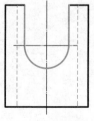

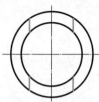

2. 补画立体的侧面投影。

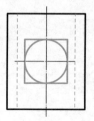

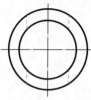

3. 补画立体的侧面投影。

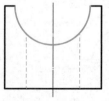

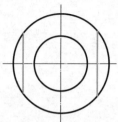

4. 完成立体的侧面投影。

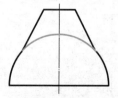

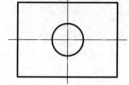

1. 完成立体的水平投影。

2. 完成穿孔半球的正面投影。

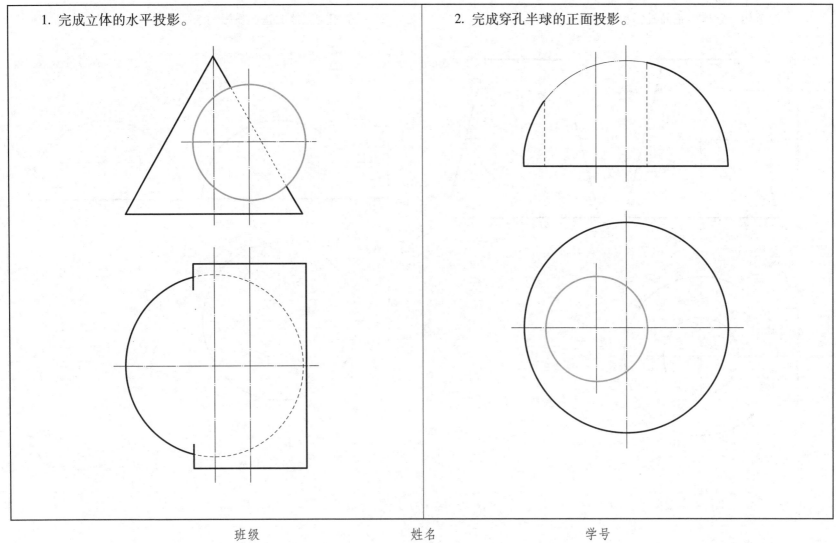

班级　　　　　　　姓名　　　　　　　学号

1. 补全相交立体的正面投影和水平投影。

2. 补全相交立体的正面投影和水平投影。

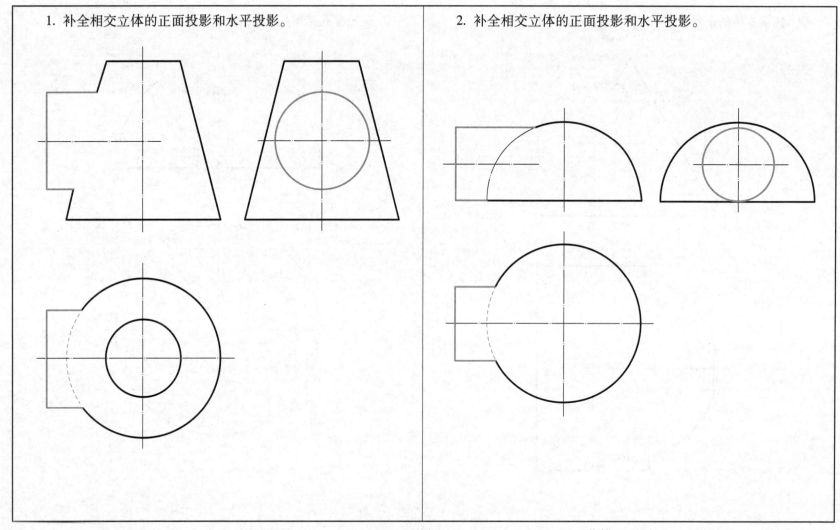

1. 补全立体的水平投影，并补画侧面投影。

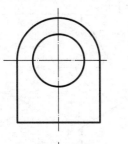

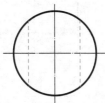

2. 完成多体相交的三面投影。

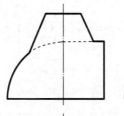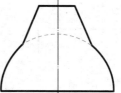

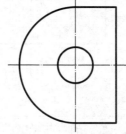

3. 同轴回转体相贯，补全正面投影。

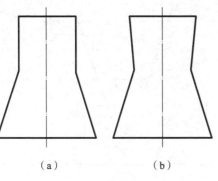

（a）　　　　　　　（b）

4. 圆球与同轴回转体相贯，补全正面投影。

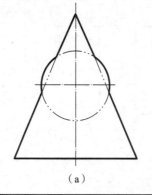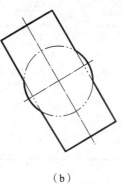

（a）　　　　　　　（b）

班级　　　　　　　姓名　　　　　　　学号

1. 圆柱与圆柱相贯，补全立体相贯后的正面投影。

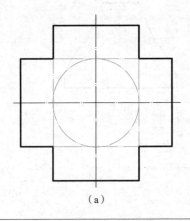 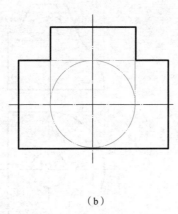 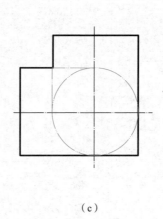 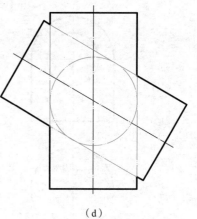

（a）　　　　　　　　（b）　　　　　　　　（c）　　　　　　　　（d）

2. 圆柱与圆台相贯，补全立体相贯后的正面投影。

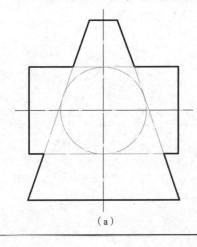 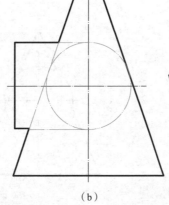 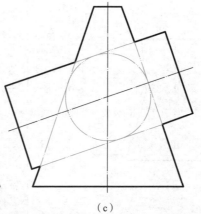 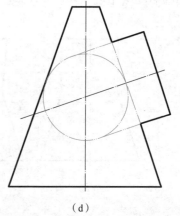

（a）　　　　　　　　（b）　　　　　　　　（c）　　　　　　　　（d）

班级　　　　　　　　　　姓名　　　　　　　　　　学号

1. 已知立体的正面投影和水平投影，将正确的侧面投影图号写在右侧答案栏里。

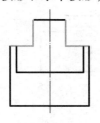

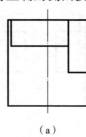

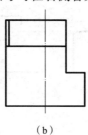

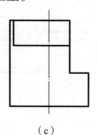

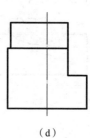

　　　　（a）　　　　　　　　（b）　　　　　　　　（c）　　　　　　　　（d）

正确答案：_____

2. 已知立体的正面投影和水平投影，将正确的侧面投影图号写在右侧答案栏里。

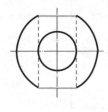

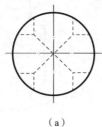

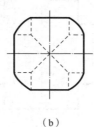

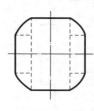

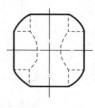

　　　　（a）　　　　　　　　（b）　　　　　　　　（c）　　　　　　　　（d）

正确答案：_____

班级　　　　　　　　姓名　　　　　　　　学号

1. 已知立体的正面投影和水平投影，将正确的侧面投影图号写在右侧答案栏里。

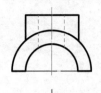

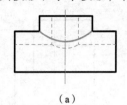

（a）

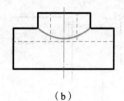

（b）

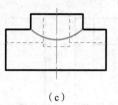

（c）

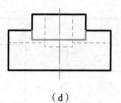

（d）

正确答案：_____

2. 下面给出四组形体的两面投影，指出正确的两面投影。

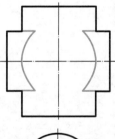
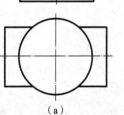

（a）

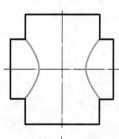
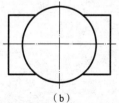

（b）

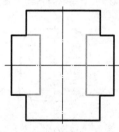
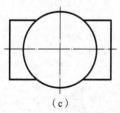

（c）

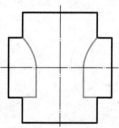
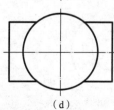

（d）

班级　　　　　　　姓名　　　　　　　学号

第六章　组合体

1. 目的要求

　　组合体是工程形体的模型，组合体三视图是零件图的重要组成部分。本章主要内容包括掌握组合体的构成方式和分析方法，掌握绘制组合体视图、阅读组合体视图及组合体尺寸标注的基本方法，为工程形体的表达及工程图样的阅读奠定基础。

（1）组合体构成方式。

①叠加式。

②挖切式。

③综合式。

（2）组合体表面过渡关系。

①平齐、不平齐。

②相交。

③相切。

（3）分析方法。

　　形体分析法：假想把组合体分解成若干个基本形体或者组成部分，通过分析各基本体或各组成部分的形状、相对位置、组合方式及连接关系，从而达到了解整体的目的。

（4）主要内容。

以形体分析法为主、线面分析法为辅。

①画组合体三视图。

②读组合体三视图。

③标注组合体尺寸。

（5）组合体一般画图步骤。

①对组合体进行形体分析，弄清各部分的形状及相对位置关系；

②选择主视图及投射方向；

③确定比例、图幅并布置视图；

④按照主次画出各部分的三视图，并正确分析表面过渡关系；

⑤检查、加深。

2. 重、难点

（1）形体分析法的理解及应用。

（2）正确画出组合体三视图。

（3）正确读懂组合体三视图。

（4）正确、完整、清晰、合理地标注组合体尺寸。

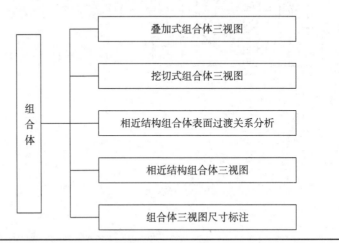

班级　　　　　　　　姓名　　　　　　　　学号

题目　根据已知视图，完成左视图

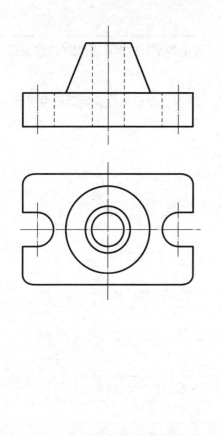

分析　根据给出来的已知投影，可以分析得知，这是一个前后左右都对称的叠加式组合体，可以分解为上下两个部分，底下为底板，上面为圆台筒，中间有一个圆柱形的通孔。

作图步骤如下：

（1）画45°辅助线及侧面投影的作图基准线。

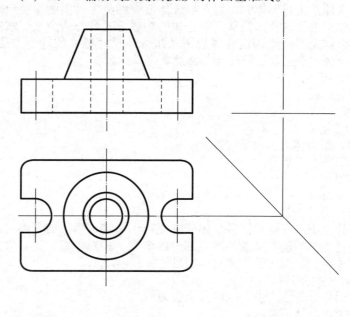

班级　　　　　　姓名　　　　　　学号

（2）根据高平齐、宽相等的投影规律画底板的侧面投影。

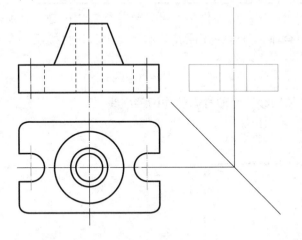

（3）根据高平齐、宽相等的投影规律画圆台筒的侧面投影（注意位置）。

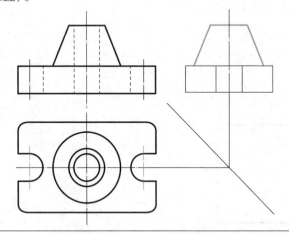

（4）根据宽相等的投影规律画中间圆柱形通孔的侧面投影。

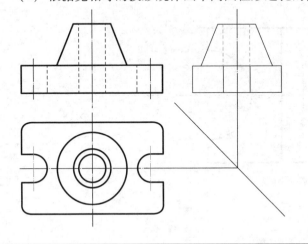

（5）检查有没有多余线及表面过渡关系，并加深。

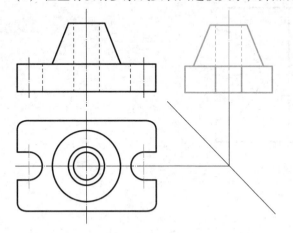

题目　根据已知视图，完成左视图

分析　根据给出来的已知投影，可以分析得知，这是一个前后对称的挖切式组合体，可以先还原其基本形体形状，再按照一定的顺序挖切。

作图步骤如下：

（1）画 45°辅助线及侧面投影的作图基准线。

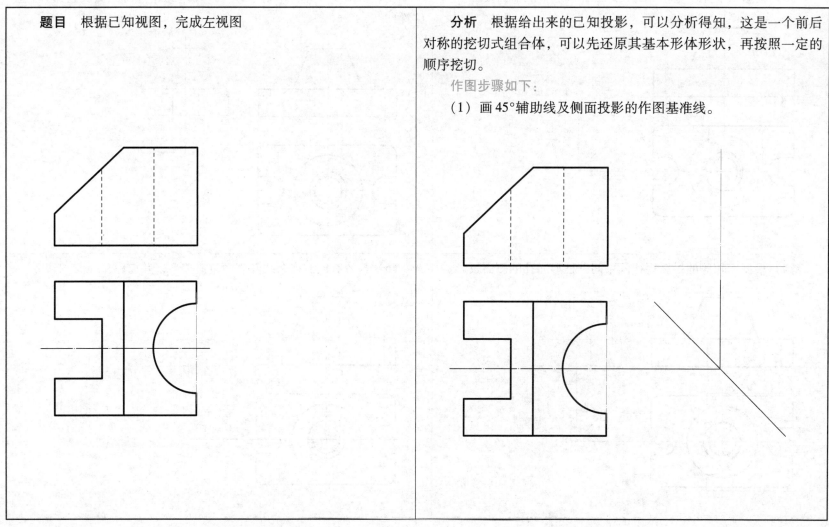

（2）画其基本形体的外部轮廓。

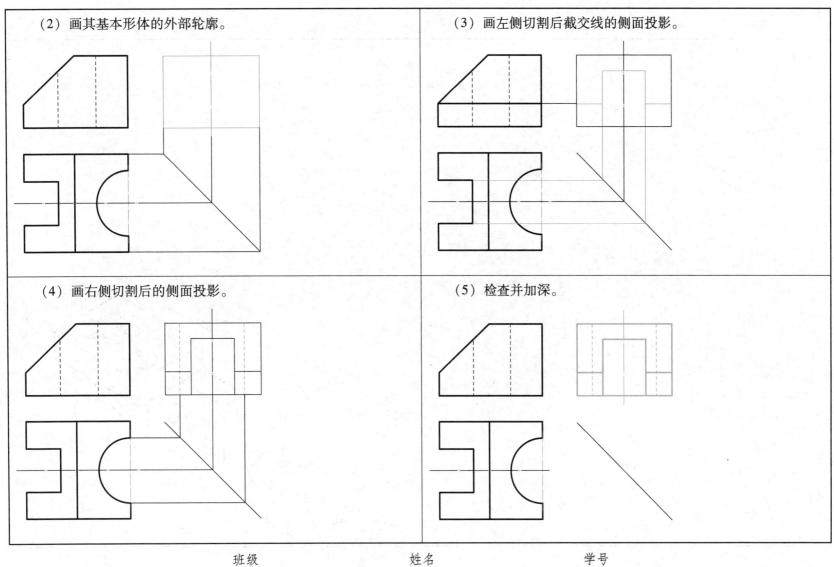

（3）画左侧切割后截交线的侧面投影。

（4）画右侧切割后的侧面投影。

（5）检查并加深。

1. 根据轴测图画出对应的三视图。

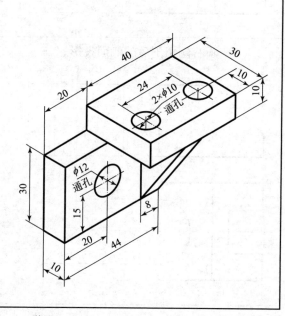

1. 根据轴测图画出对应的三视图。

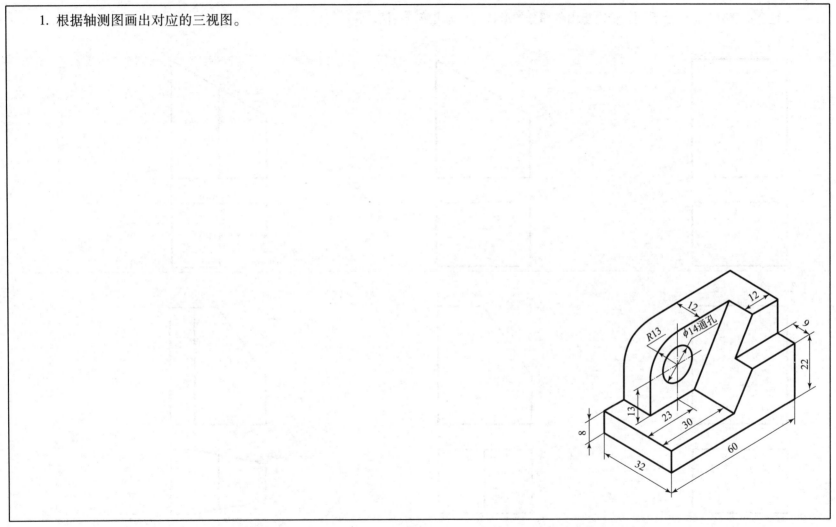

按组合步骤分步画图及看图，依次想出各部分的形状，并画出第三视图。

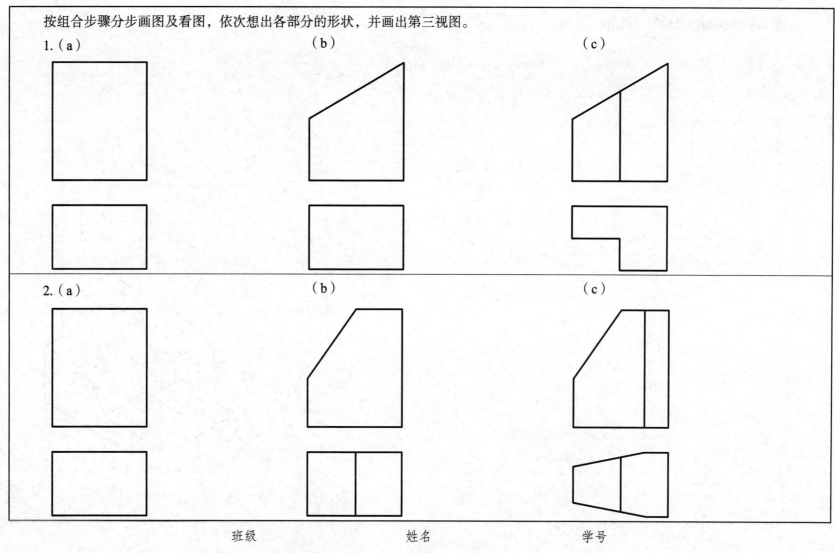

1.（a） （b） （c）

2.（a） （b） （c）

班级　　　　　　姓名　　　　　　学号

按组合步骤分步画图及看图，依次想出各部分的形状，并画出第三视图。

1.（a）　　　　　　　　　　（b）　　　　　　　　　　（c）

2.（a）　　　　　　　　　　（b）　　　　　　　　　　（c）

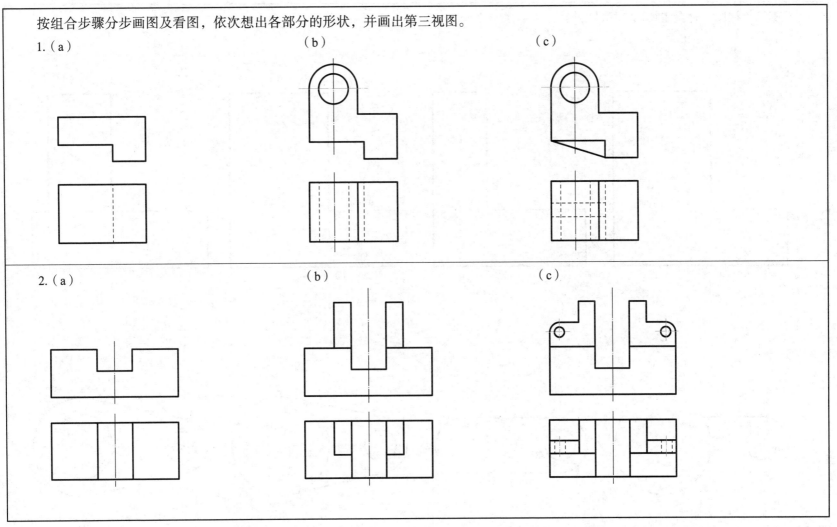

根据已给视图，补全主视图中所缺的线。

1.　　　　　　　　　　2.　　　　　　　　　　3.　　　　　　　　　　4.

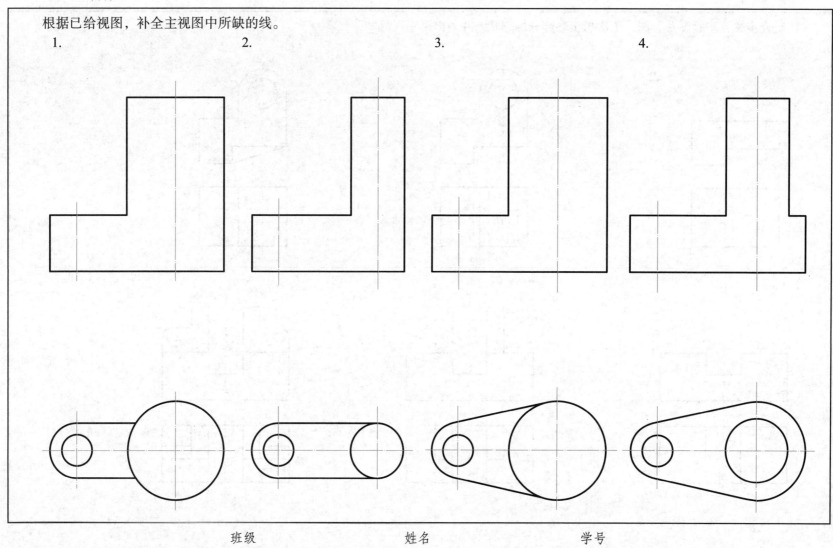

班级　　　　　　　姓名　　　　　　　学号

根据已给视图，补全主视图中所缺的线。

1.　　　　　　　　　　2.　　　　　　　　　　3.　　　　　　　　　　4.

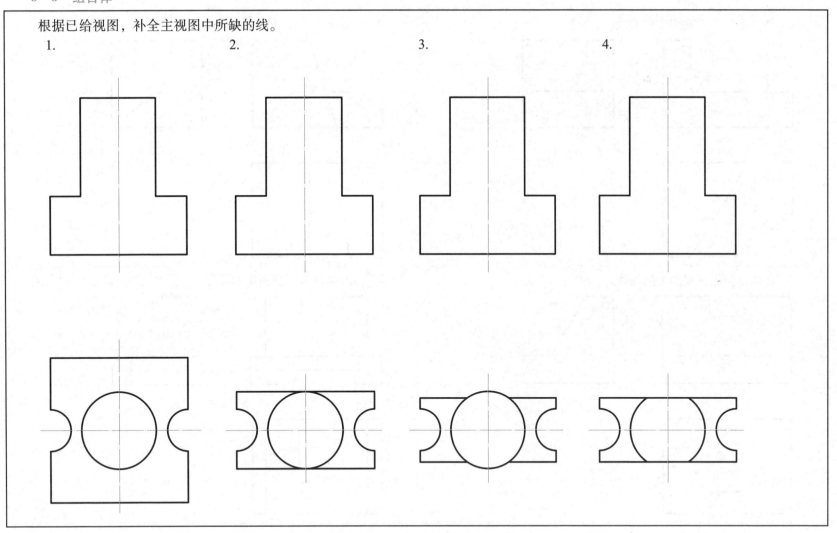

班级　　　　　　　　　姓名　　　　　　　　　学号

1. 补画组合体三视图中的漏线。

2. 补画组合体三视图中的漏线。

3. 补画组合体三视图中的漏线。

4. 补画组合体三视图中的漏线。

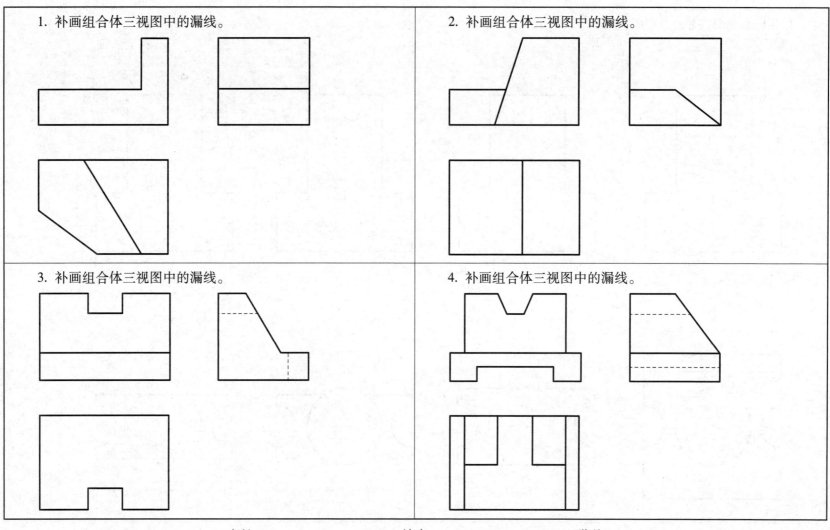

班级　　　　　　　　姓名　　　　　　　　学号

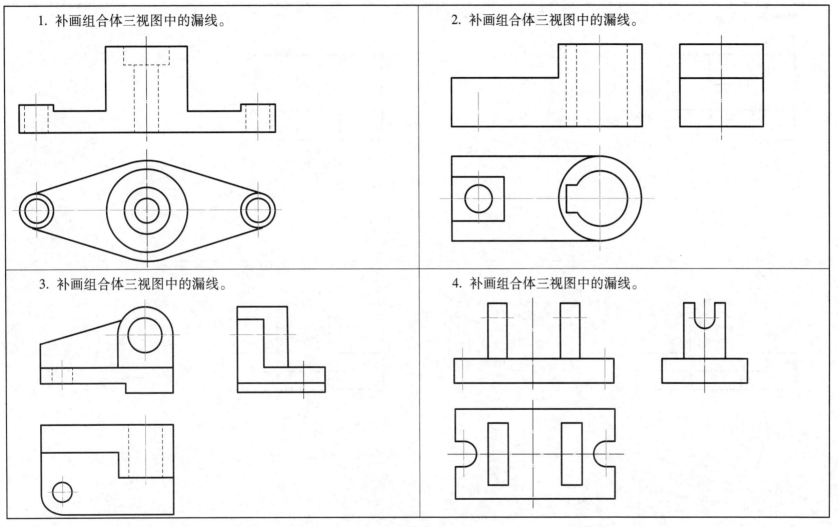

1. 补画组合体三视图中的漏线。

2. 补画组合体三视图中的漏线。

3. 补画组合体三视图中的漏线。

4. 补画组合体三视图中的漏线。

根据已给视图，构思不同形状的组合体，并画出其余视图。

1. (a)

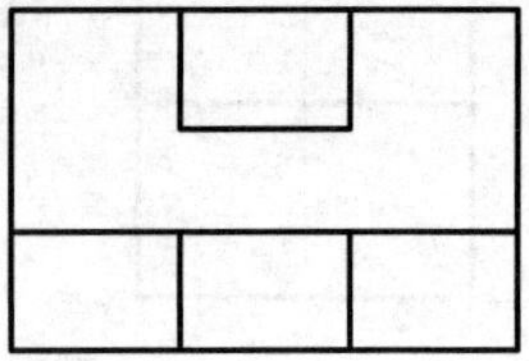

(b)

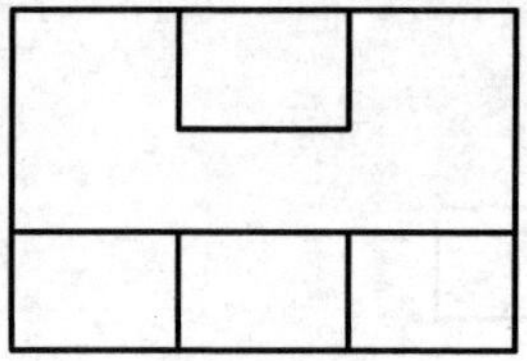

2. (a)

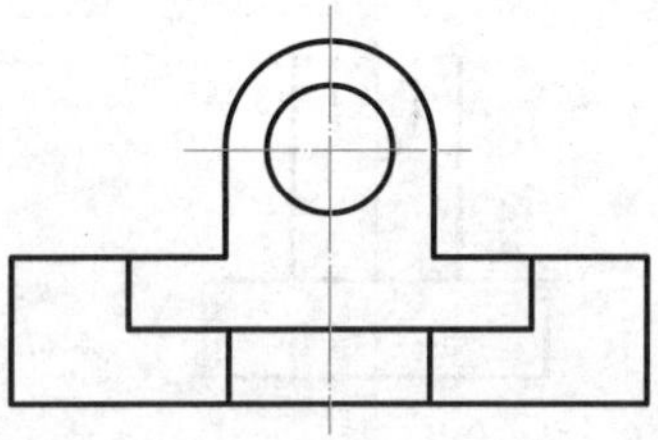

(b)

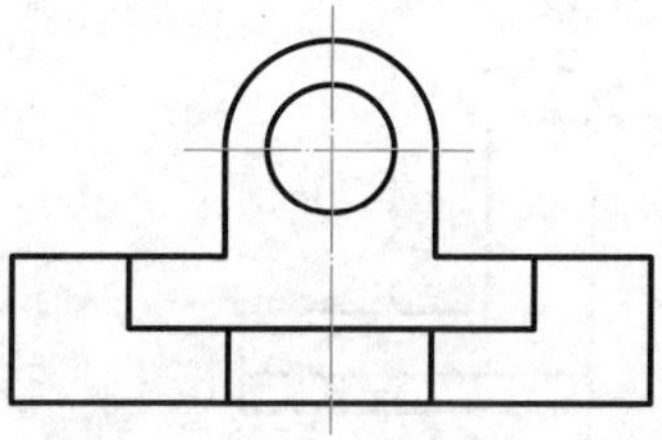

班级　　　　　　姓名　　　　　　学号

根据已给视图，构思不同形状的组合体，并画出其余视图。

1. （a）   （b）

2. （a）   （b）

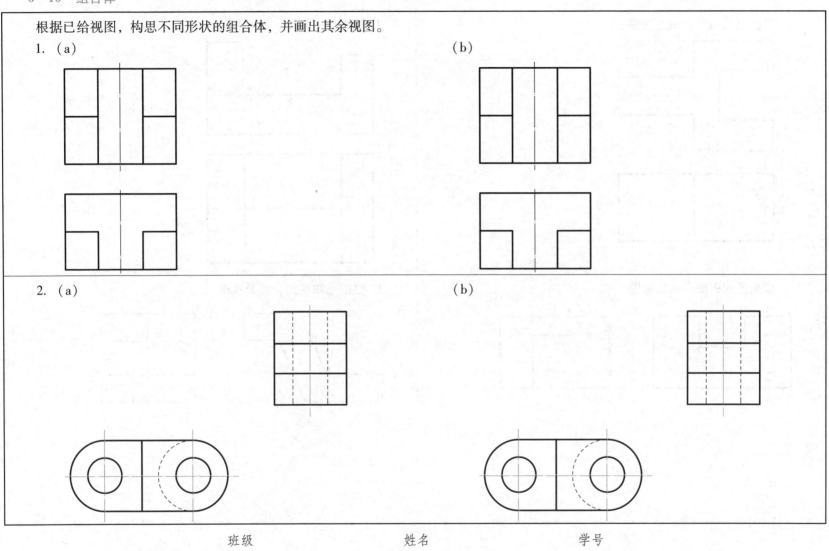

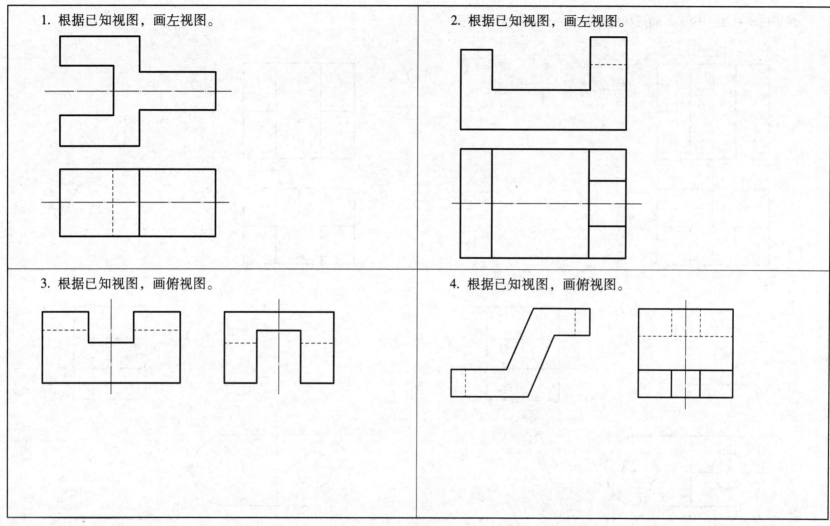

1. 根据已知视图，画左视图。

2. 根据已知视图，画左视图。

3. 根据已知视图，画俯视图。

4. 根据已知视图，画俯视图。

1. 根据已知视图，画俯视图。

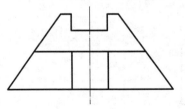 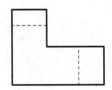

2. 根据已知视图，画俯视图。

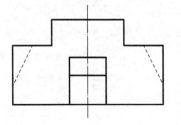 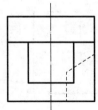

3. 根据已知视图，画左视图。

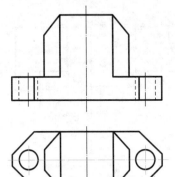

4. 根据已知视图，画俯视图。

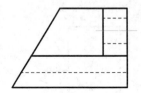

班级　　　　　　　　姓名　　　　　　　　学号

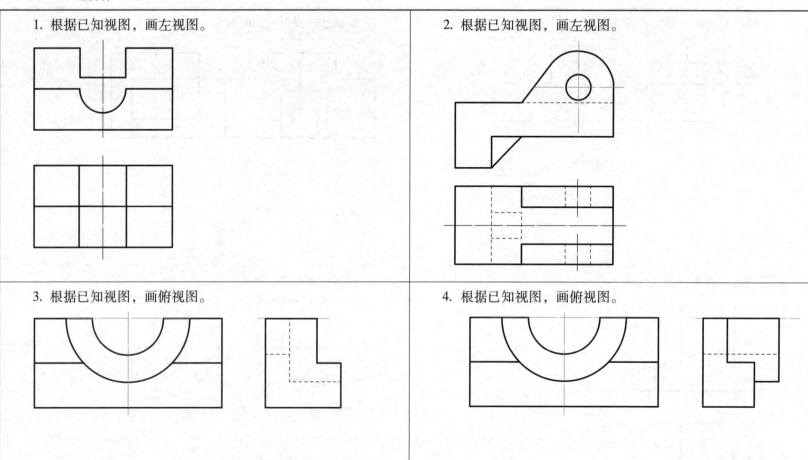

1. 根据已知视图，画左视图。

2. 根据已知视图，画左视图。

3. 根据已知视图，画俯视图。

4. 根据已知视图，画俯视图。

1. 根据已知视图，画左视图。

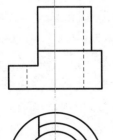

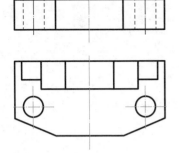

2. 根据已知视图，画左视图。

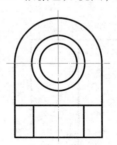

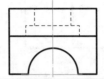

3. 根据已知视图，画左视图。

4. 根据已知视图，画左视图。

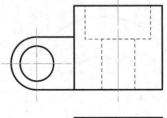

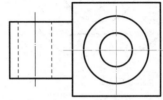

班级　　　　　　　　　姓名　　　　　　　　　学号

标注组合体尺寸（尺寸数值从图中量取，取整数，1:1 比例标出）。

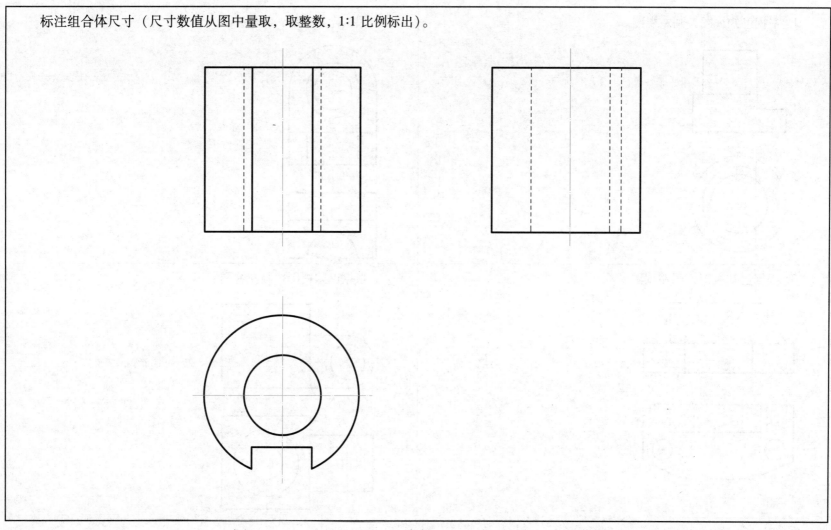

班级   姓名   学号

标注组合体尺寸（尺寸数值从图中量取，取整数，1:1 比例标出）。

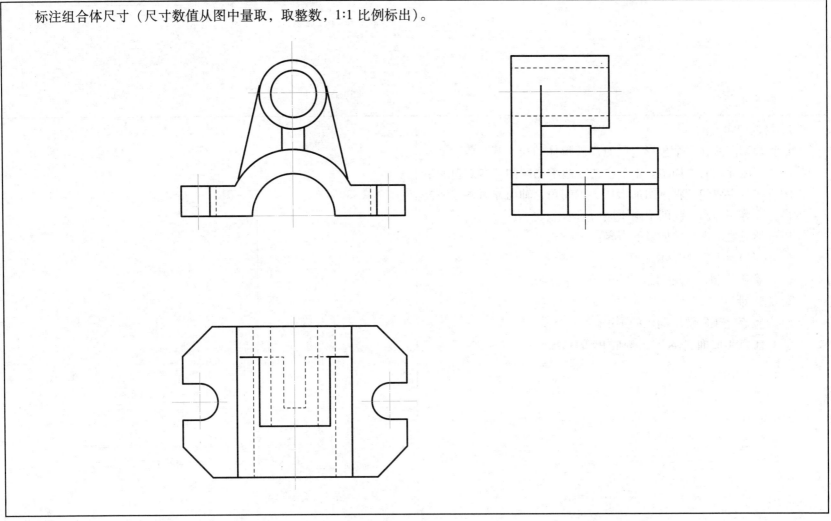

第七章　轴测投影

一、内容概要

1. **目的要求**

轴测投影图能在一个投影上同时反映形体的长、宽、高三个方向的形状，因此富有立体感。本章主要介绍轴测图的基本知识和基本作图方法，主要包括轴测图的形成、轴间角、轴向伸缩系数和投影特性，正等测与斜二测的绘制原理和基本作图方法。

通过学习要求学生掌握以下内容：

（1）了解轴测图的基本知识。

（2）掌握绘制正等测和斜二测图的基本方法。

2. **重、难点**

（1）重点是正等测轴测图的画法。

（2）难点是曲面立体正等测轴测图的画法。

二、题目类型

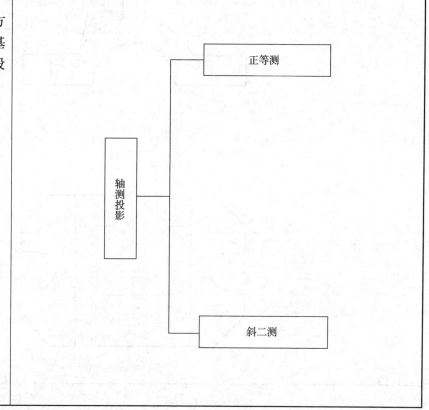

题目 完成支架的正等轴测图

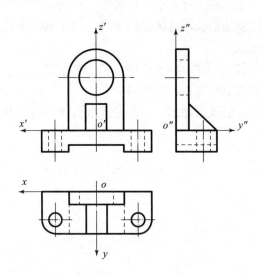

分析 该支架由底板、竖板、肋板三部分组成。先画底板、竖板正等测的长方体轮廓，再画肋板的正等测，接着处理竖板半圆柱体和圆柱通孔。同理画底板开槽、圆柱孔及圆角过渡。

作图步骤

（1）先作出底板和竖板的长方体轮廓。

（2）画出肋板。

（3）在竖板长方形内作出椭圆弧及椭圆，并沿 Y 轴向后平移竖板宽度，作出椭圆弧的公切线。

（4）在底板上表面左右角处各画一个椭圆弧，并沿 Z 轴垂直下移一个底板的厚度，作出上下椭圆弧的公切线。

（5）在底板上作出长方形通槽。

（6）擦除多余线条并描深，即完成支架的正等轴测图。

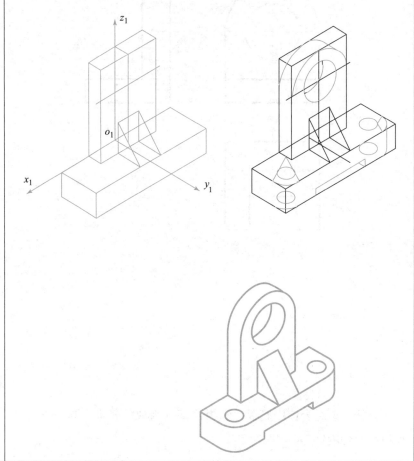

题目　完成组合体的斜二测图

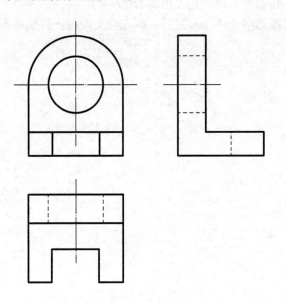

作图步骤

（1）先作出底板和竖板前面的投影，反映实形。

（2）把前表面形状沿着轴测轴 Y 轴方向平移宽度的一半，作出立体后面的投影。

（3）沿 Y 轴平行的方向作出椭圆弧的公切线。

（4）在底板上作出长方形凹槽。

（5）擦除多余线条并描深，即完成组合体的斜二测图。

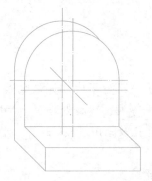 

分析　该组合体由底板、竖板两部分组成。竖板在同一方向上有圆柱面和圆柱孔。

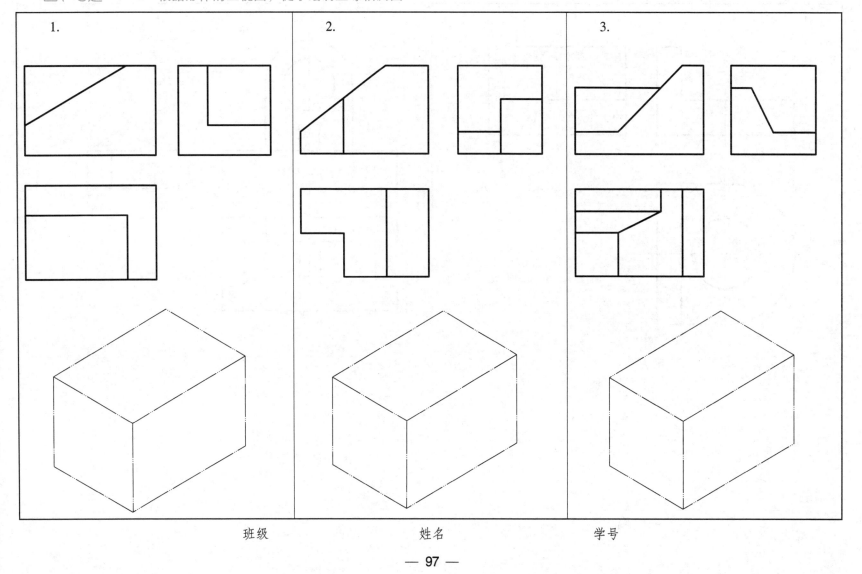

1.

2.

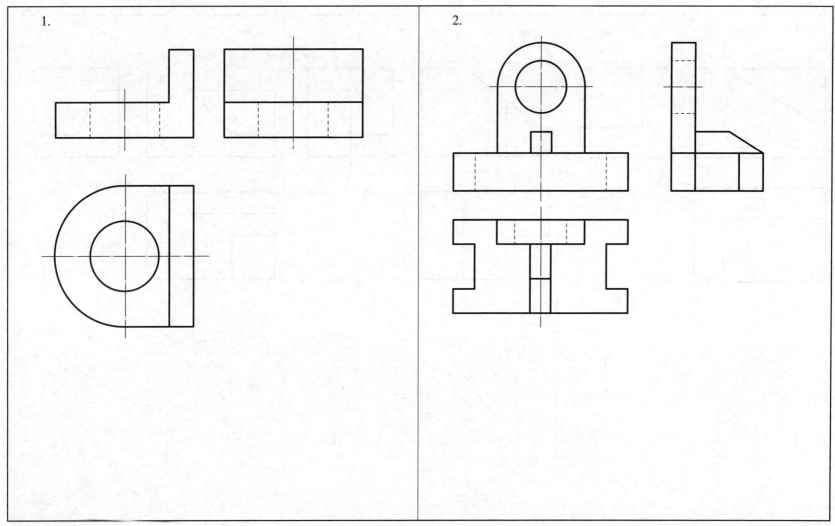

班级　　　　　　　　姓名　　　　　　　　学号

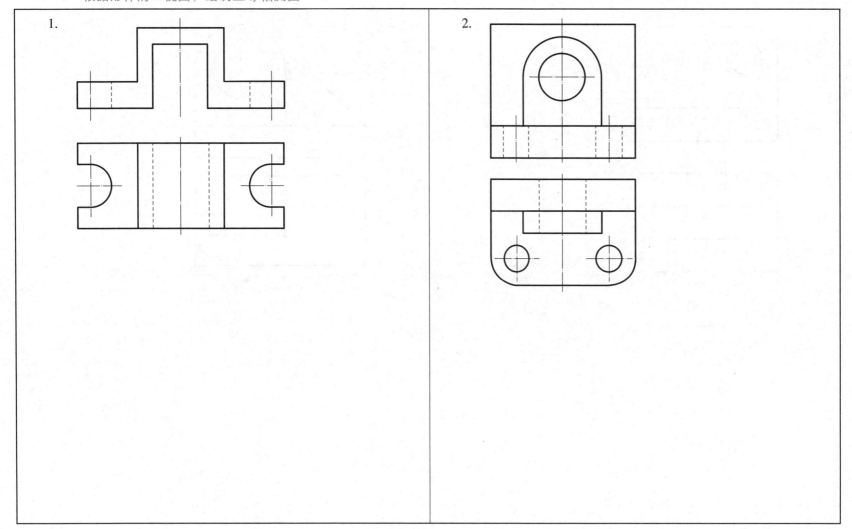

1.

2.

班级   姓名   学号

7-4 根据形体的二视图，绘制斜二测轴测图

1.

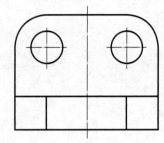

2.

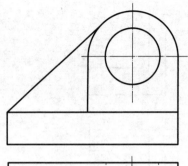

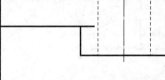

班级　　　　　　　　姓名　　　　　　　　学号

1.

2.

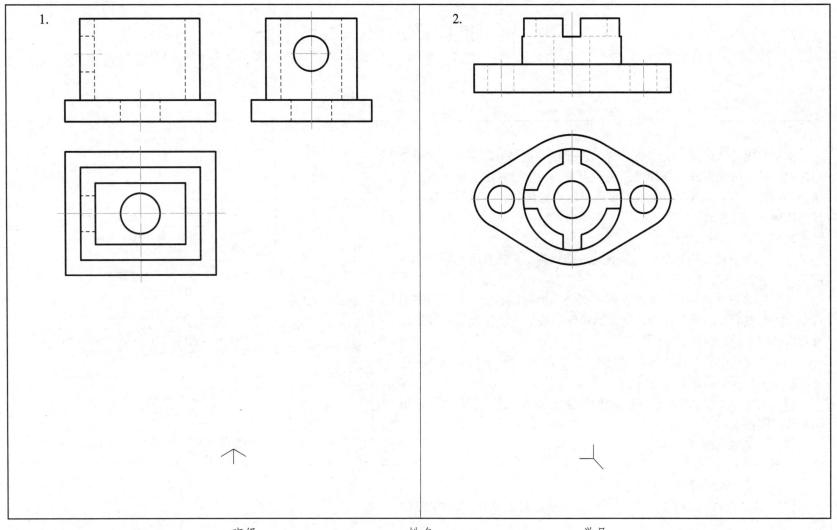

第八章　机件常用的表达方法

一、内容概要

1. 目的要求

机件常用的表达方法是"机械制图"课程的重要组成部分，主要介绍国家标准中机械零件、部件常用表达方法的概念、画法、标记及应用场合等内容。学生通过学习，根据零部件的内外结构特点，初步选择最佳的机械零、部件表达方案。

2. 主要表达方法选择

（1）如果机件结构简单，主要表达外部结构，则选择基本视图、局部视图、斜视图和旋转视图等表达。

（2）如果机件内外结构复杂，则选择全剖视图、半剖视图、局部剖视图、斜剖视图、阶梯剖视图、旋转剖视图等表达方法，剖切面要尽量通过内部结构的对称面。

（3）对于带有孔、坑、槽等轴类零件，如表示断面形状，则常选择移出断面、重合断面表达。

（4）对于较小结构，如果有些结构用原图比例表达不清，则要采用局部放大图表达。

（5）其他规定的画法。

3. 重、难点

（1）表达方法的选择。

（2）机件内外结构的表达，以及剖切面位置的确定和剖视图的画法。

二、题目类型

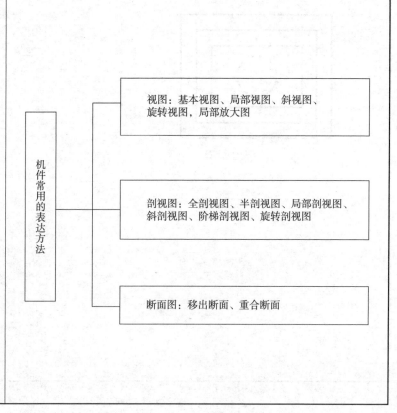

视图：基本视图、局部视图、斜视图、旋转视图，局部放大图

机件常用的表达方法

剖视图：全剖视图、半剖视图、局部剖视图、斜剖视图、阶梯剖视图、旋转剖视图

断面图：移出断面、重合断面

1. 原图

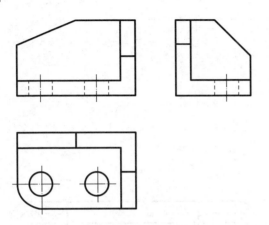

3. 解题结果

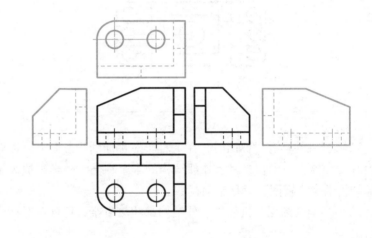

2. 分析

（1）本题为机件表达方法中的六个基本视图。

（2）后视图是从机件的前侧往后进行正投影，画在左视图的正右侧。

（3）仰视图是从机件的下侧往上进行正投影，画在主视图的正上方。

（4）右视图是从机件的右侧往左进行正投影，画在主视图的正左侧。

班级　　　　　　姓名　　　　　　学号

例2　已知机件的主视图、俯视图，将主视图采用适当的方法改画成剖视图。

1. 原图	3. 解题结果

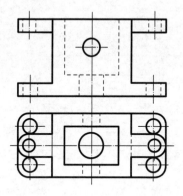

2. 分析

（1）当机件具有对称面时，在垂直于对称面的投影面上，以对称中心线为界，一半画成表示外部结构的半个视图，一半画成表示内部结构的半个视图，就是半剖视图。

（2）半剖视图用于机件内、外结构都比较复杂，且具有对称面的情况。

（3）画半剖视图时，在表示外部结构的视图中，注意表示外部结构的对称虚线省略不画，只有尚未表达清楚的结构才允许用虚线画出。当遇到这种情况时，一般用局部剖视图表达。

（4）本题的机件是典型的左右、前后对称，两个视图就能够表达清楚，所以主视图采用半剖视图表达。

（5）底板四个圆角处具有圆孔，并且不处于对称面上，采用局部剖视图表达孔的形状。

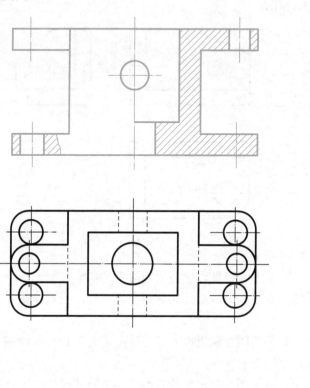

四、习题 8－1 根据已知的主、俯视图，补画出另外四个基本视图。

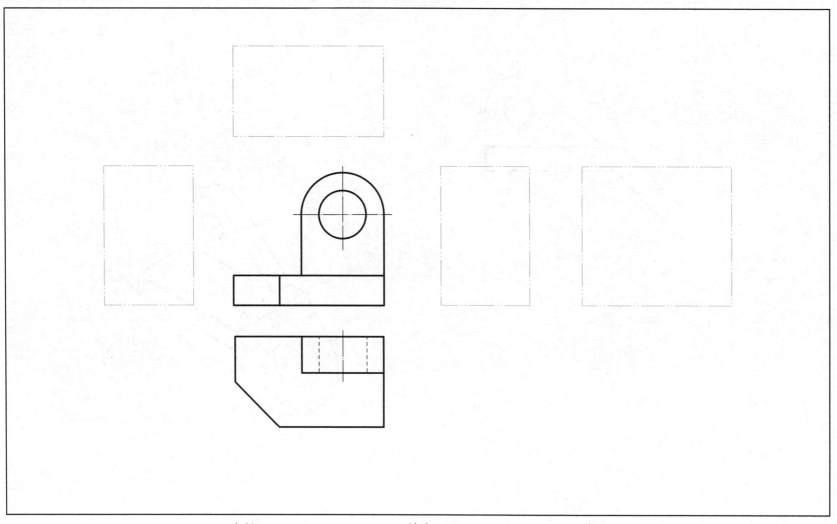

班级　　　　　　　　　姓名　　　　　　　　　学号

8-2　根据轴测图及主视图，画出 A 向斜视图和 B 向局部视图。

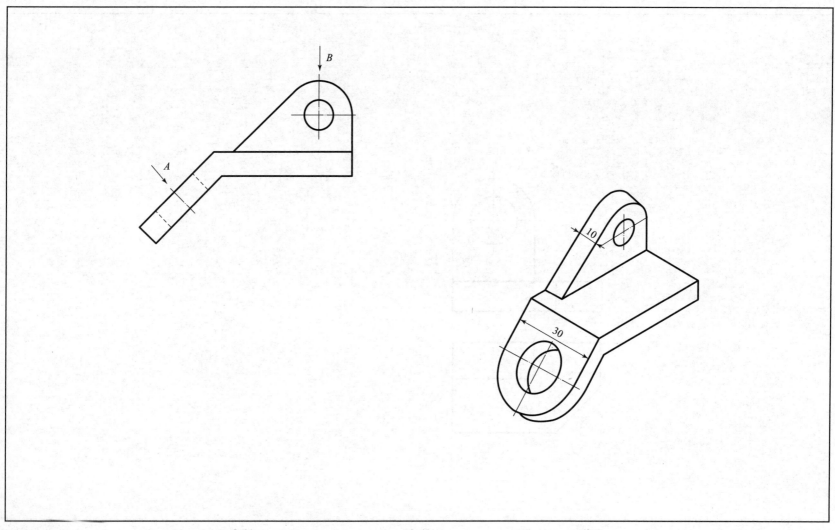

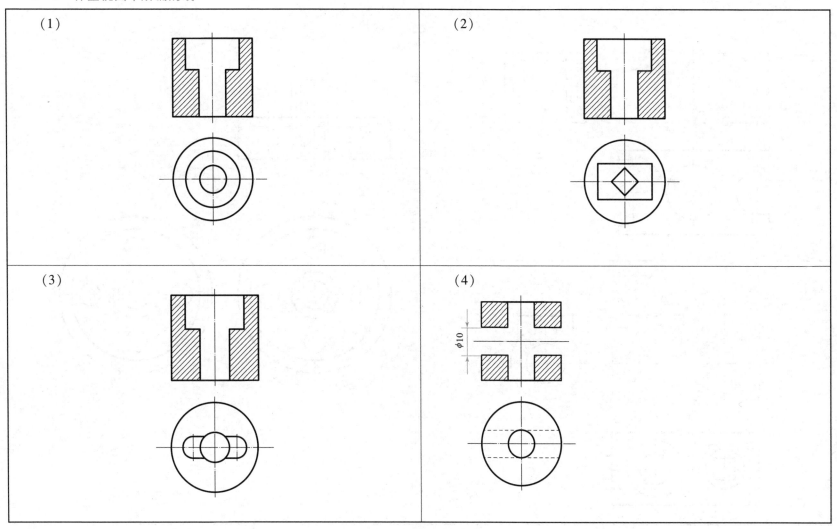

（1）

（2）

（3）

（4）

班级　　　　　　　姓名　　　　　　　学号

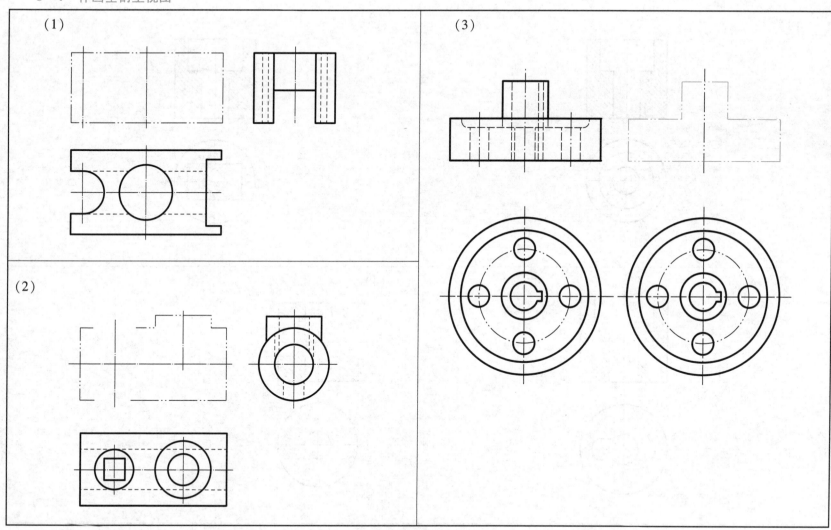

（1）

（2）

（3）

（1）

（2）

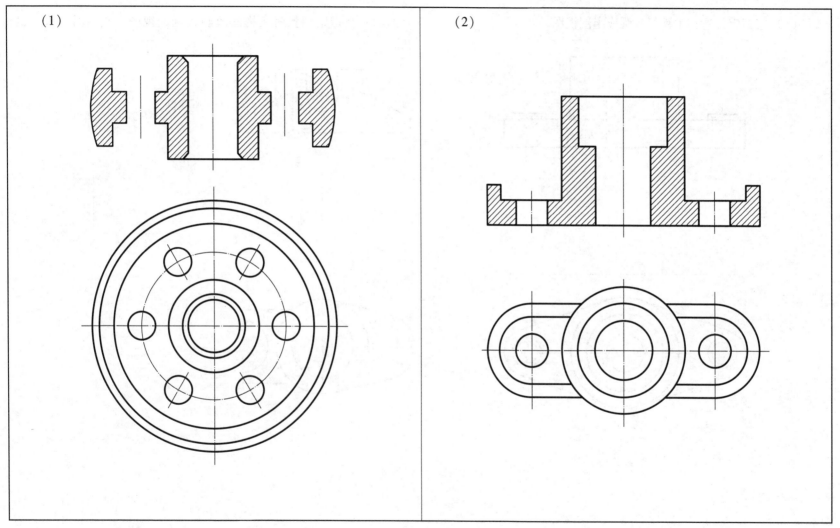

班级   姓名   学号

8-6 全剖视图、半剖视图。

（1）在指定位置将主视图改画成半剖视图。

（2）在指定位置将主视图改画成全剖视图、左视图画成半剖视图。

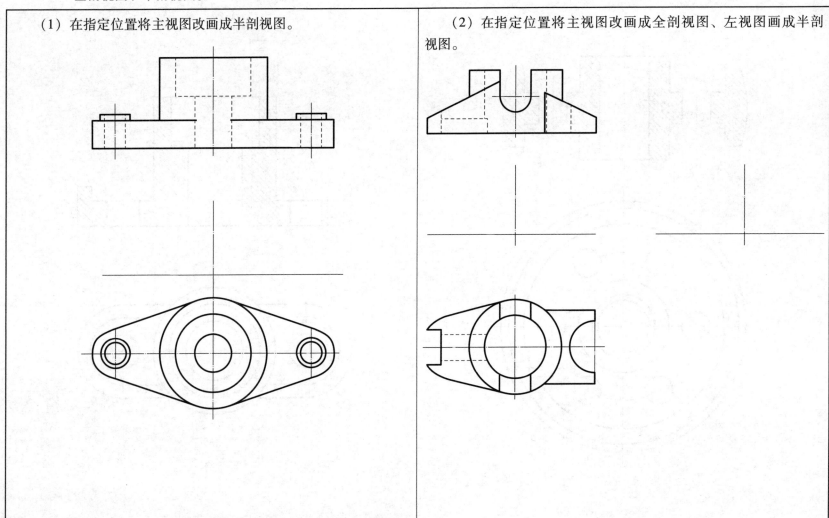

8-7 在指定位置将主视图改画成半剖视图，并补画全剖左视图。

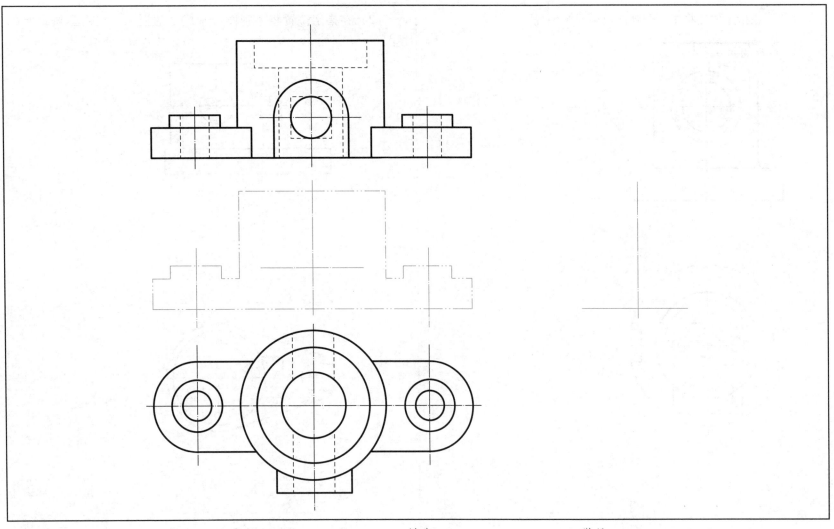

8-8 全剖视图、半剖视图。

（1）在指定位置将主、俯视图改画成半剖视图。

（2）在指定位置将主视图改画成全剖视图、左视图画成半剖视图。

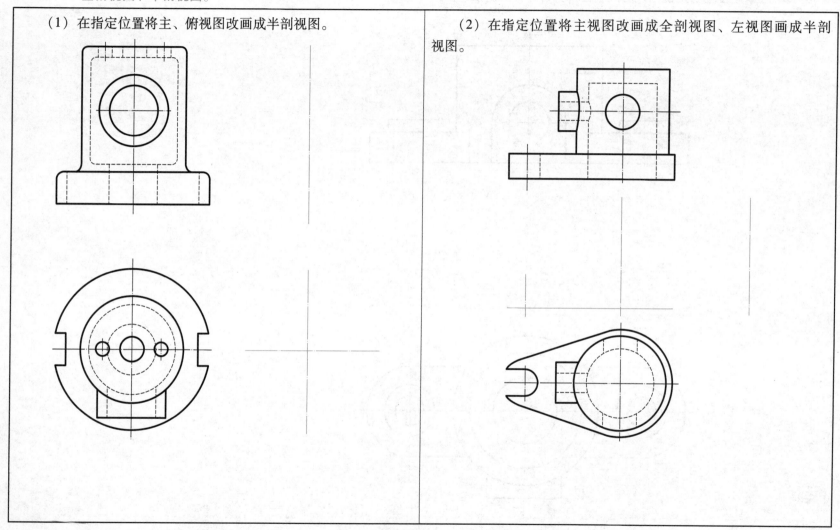

班级　　　　　　姓名　　　　　　学号

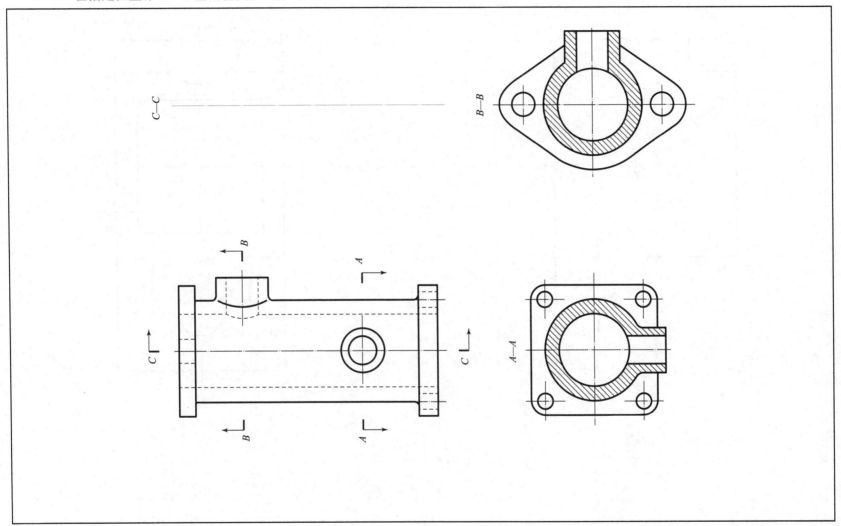

班级　　　　　　　　姓名　　　　　　　　学号

8-10 在指定位置将主视图改画成全剖视图。

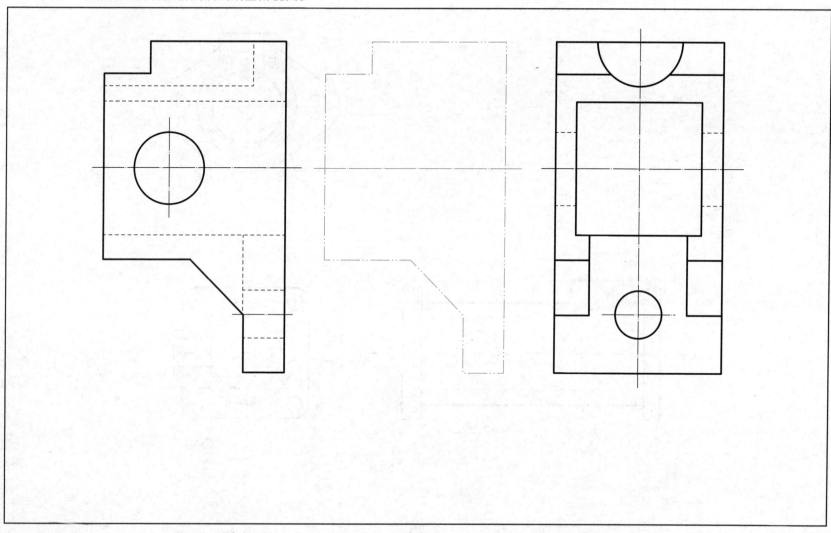

（1）补画 $A-A$ 半剖左视图。

（2）补画半剖的左视图。

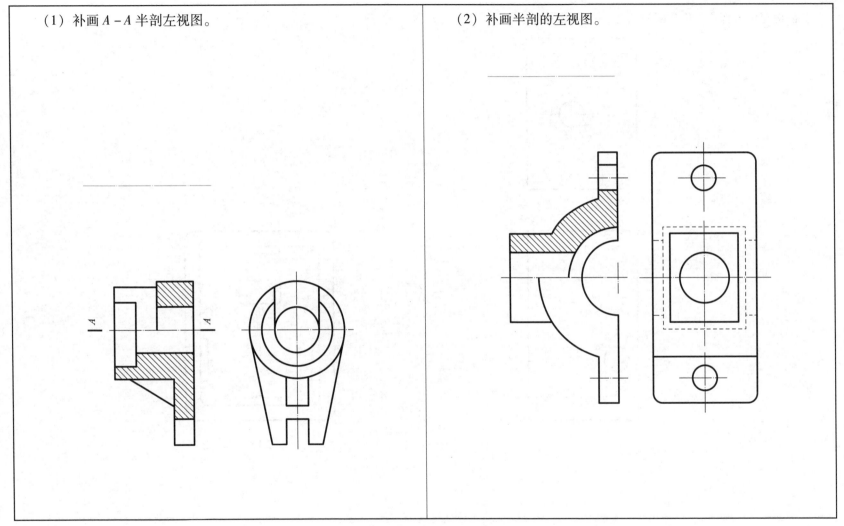

班级　　　　　　　姓名　　　　　　　学号

在指定位置作 $B-B$ 全剖视图、$A-A$ 半剖视图。

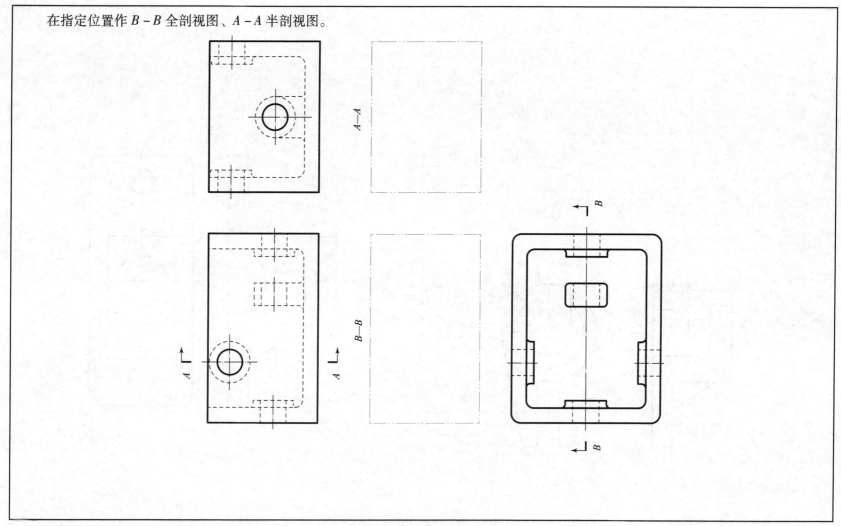

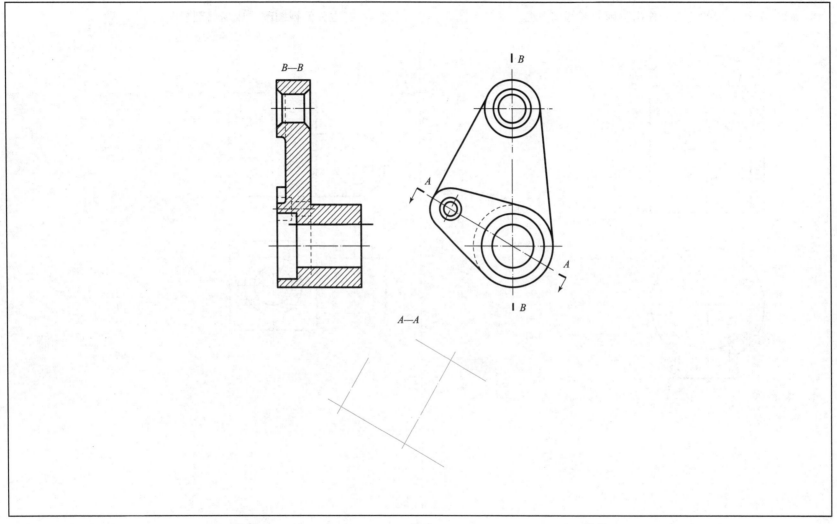

8-14 局部剖视图。

（1）分析图中的错误，作出正确的局部剖视图。

（2）将主、俯视图改画成局部剖视图。

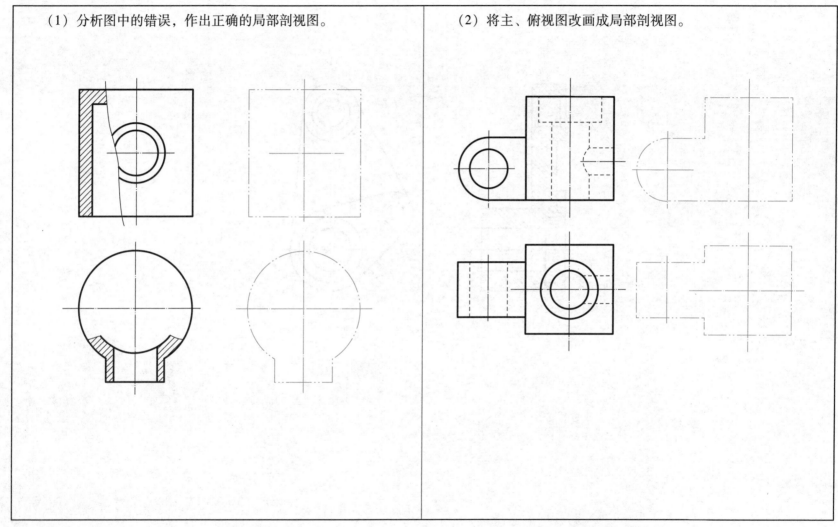

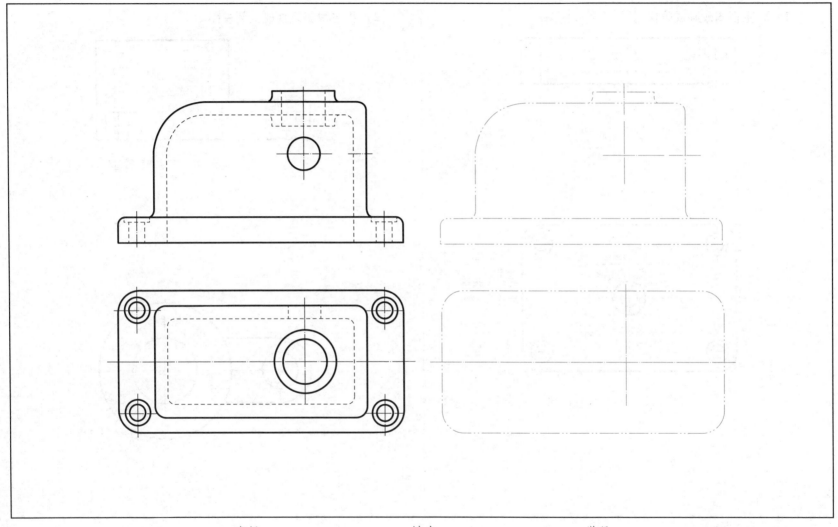

班级　　　　　　　　姓名　　　　　　　　学号

（1）将主视图改画成阶梯剖。

（2）将主视图改画成全剖视图。

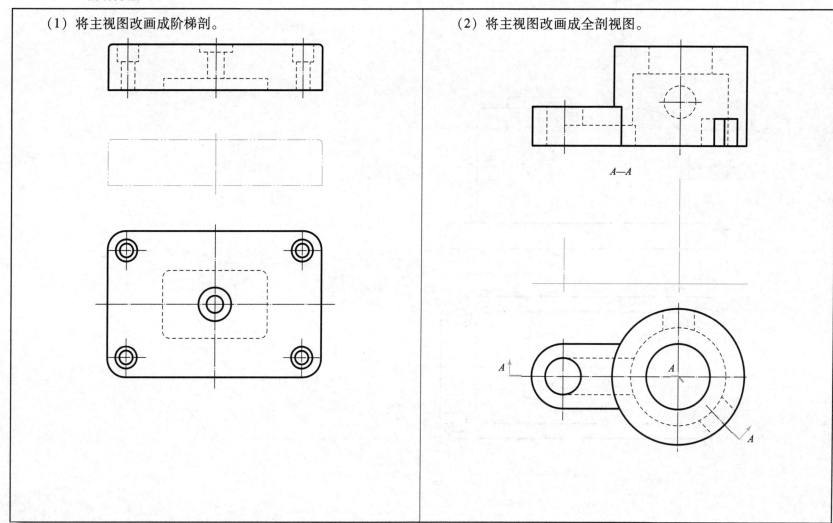

（1）图示正确的断面图是_____。

（2）在两个相交剖切平面迹线的延长线上，作移出断面图。

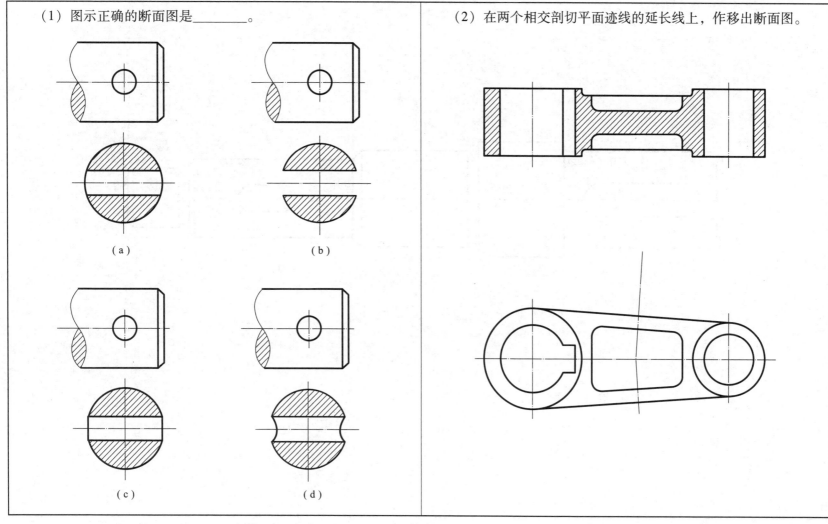

（a）　　　　　　　　（b）

（c）　　　　　　　　（d）

8-18 在指定位置画出断面图（左面键槽深 4 mm，右面键槽深 3 mm）。

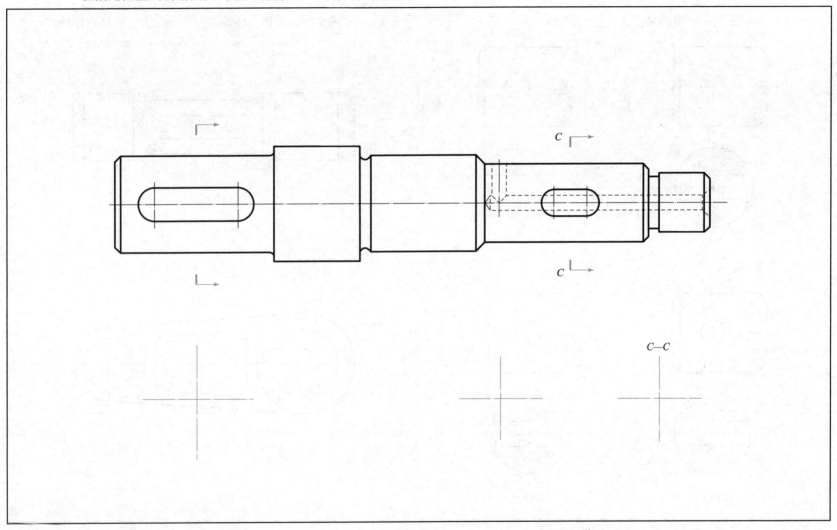

C—C

第九章　零件图

一、内容概要

1. 目的要求

零件图是生产和检验零件所依据的图样，是生产中的重要技术文件。通过本章的学习，应了解零件图的视图表达及尺寸注法，明确零件图在制造和检验时应达到的技术要求，以及零件上的常见工艺结构，熟练掌握读零件图的方法和步骤。

（1）读零件图的方法和步骤。

①概况了解。

②视图分析。

③形体分析。

④尺寸分析。

⑤技术要求分析。

在设计和制造零件的过程中，都涉及读零件图的问题，因此工程技术人员必须具备读零件图的能力。读零件图的目的是根据已知的零件图想象出零件的结构形状，弄清零件各部分的尺寸、技术要求等内容。

（2）在读图中必须注意：应把零件的结构形状、尺寸标注和技术要求等内容综合起来，才能比较全面地读懂零件图。对于复杂的零件图，还需参考有关的技术资料，包括零件所在的部件装配图及其他相关零件图。

2. 重、难点

（1）零件的视图表达和尺寸注法。

（2）表面结构要求及尺寸公差和几何公差的标注方法。

（3）读零件图的方法和步骤。

二、题目类型

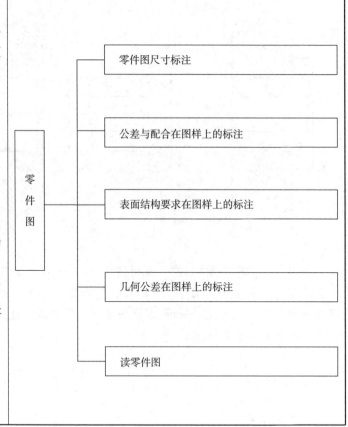

题目　根据装配图中的配合尺寸，在相应的零件图上标注出公称尺寸、公差带代号和偏差值，并说明该配合属于哪种配合制和配合类别。

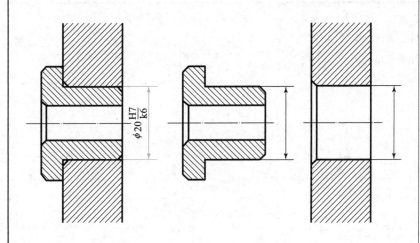

分析　由配套教材中表 9 – 9 可知，$\phi20H7/k6$ 是基孔制，配合类别为优先过渡配合。分子 H7 是基准孔的公差带代号，表示孔为公差等级 7 级的基准孔；分母 k6 是配合轴的公差带代号，表示轴的公差等级为 6 级，基本偏差代号为 k。

解题步骤

（1）$\phi20H7$ 基准孔的极限偏差，可以由配套教材中附表 5 查得。在公称尺寸大于 18 至 24 行及公差带为 H7 的列相交处查得 $^{+21}_{\ 0}$ μm，这就是基准孔的上、下极限偏差值，所以 $\phi20H7$ 可写作 $\phi20^{+0.021}_{\ \ \ 0}$。

（2）$\phi20k6$ 为配合轴的极限偏差，可由配套教材中附表 4 查得。在公称尺寸大于 18 至 24 行及公差带 k6 的列相交处查得 $^{+15}_{+2}$ μm，即配合轴的上、下极限偏差值，所以 $\phi20k6$ 可写作 $\phi20^{+0.015}_{+0.002}$。

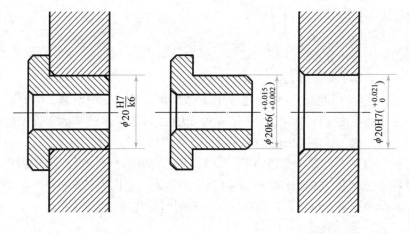

该配合属于基孔制配合，配合类别为优先过渡配合。

题目 读托架零件图，回答下列问题，并补画 *D* – *D* 剖视图（按投影大小绘制）。

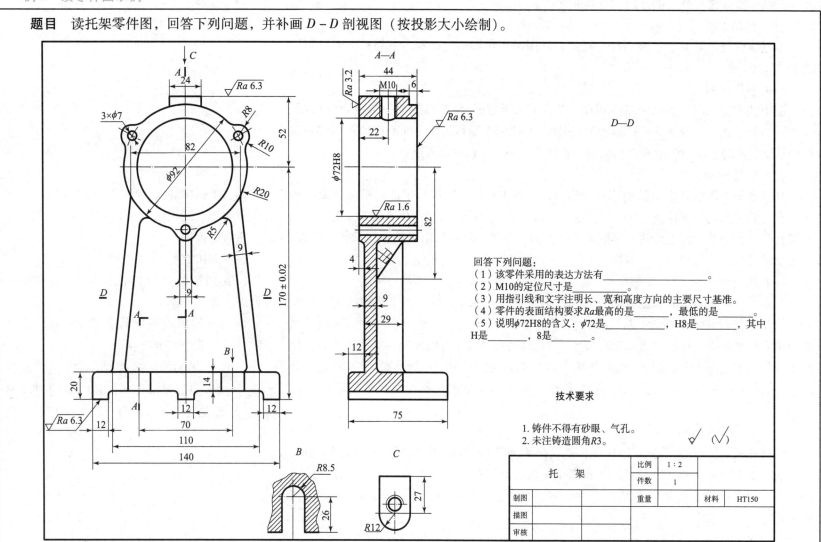

回答下列问题：
（1）该零件采用的表达方法有 _____。
（2）M10的定位尺寸是 _____。
（3）用指引线和文字注明长、宽和高度方向的主要尺寸基准。
（4）零件的表面结构要求*Ra*最高的是 _____，最低的是 _____。
（5）说明*φ*72H8的含义：*φ*72是 _____，H8是 _____，其中 H是 _____，8是 _____。

技术要求

1. 铸件不得有砂眼、气孔。
2. 未注铸造圆角*R*3。

托　架	比例	1：2		
	件数	1		
制图		重量		材料	HT150
描图				
审核				

分析 读托架零件图的方法和步骤如下：

（1）概括了解。

通过读标题栏可知，零件名称为托架，是用来支承轴的，材料为灰铸铁（HT150），比例为1:2。

（2）视图分析。

图中共有五个图形：两个基本视图、B向和C向两个局部视图及一个重合断面图。主视图为外形图；左视图 A−A 为阶梯剖视图，是用两个平行的侧平面剖切的；局部视图C是移位配置的；断面图画在剖切线的延长线上，表示肋板的剖面形状。

（3）形体分析。

从主视图中可以看出上部的圆筒、凸台、中部支承板、肋板和下部底板的主要结构形状及它们之间的相对位置；B向局部视图反映了底板上孔的形状；C向局部视图反映出带螺孔的凸台形状。综上所述，再配合阶梯剖的左视图，则托架由圆筒、支承板、肋板、底板及轴孔、凸台组成。

（4）尺寸分析。

从图中可以看出，其长度方向以对称面为主要尺寸基准，标注出安装槽的定位尺寸70，以及自上而下标注的尺寸24、82、9、12、110和140等；宽度方向尺寸以圆筒后端面为主要尺寸基准，标注出支承板定位尺寸4；高度方向尺寸以底板为主要尺寸基准，标注出托架的中心高 170 ± 0.02，这是影响工作性能的定位尺寸；圆筒孔径 $\phi 72H8$ 是配合尺寸，它们都是托架的主要尺寸。其他各组成部分的定形尺寸和定位尺寸读者可自行分析。

（5）技术要求分析。

圆筒孔径 $\phi 72$ 注出了公差带代号；轴孔表面属于配合面，精度要求较高，Ra 值为1.6 μm；托架的中心高170也给出了极限偏差值，这些指标在加工时应予以保证。凸台的上端面和底板的下表面 Ra 值为6.3 μm，圆筒的前、后端面 Ra 值为3.2 μm，其余为铸造表面 $\sqrt{}$。

解题步骤

见分析过程，此处略。

回答下列问题：（1）该零件采用的表达方法有视图、剖视图（阶梯剖视图）、局部视图、重合断面图。

（2）M10 的定位尺寸是 ___22___。

（3）用指引线和文字注明长、宽和高度方向的主要尺寸基准。

（4）零件的表面结构要求 Ra 最高的是 $\sqrt{Ra\,0.6}$ ，最低的是 $\sqrt{}$ 。

（5）说明 $\phi 72H8$ 的含义：$\phi 72$ 是孔的公称尺寸，H8 是公差带代号，其中 H 是基本偏差代号，8 是公差等级代号。

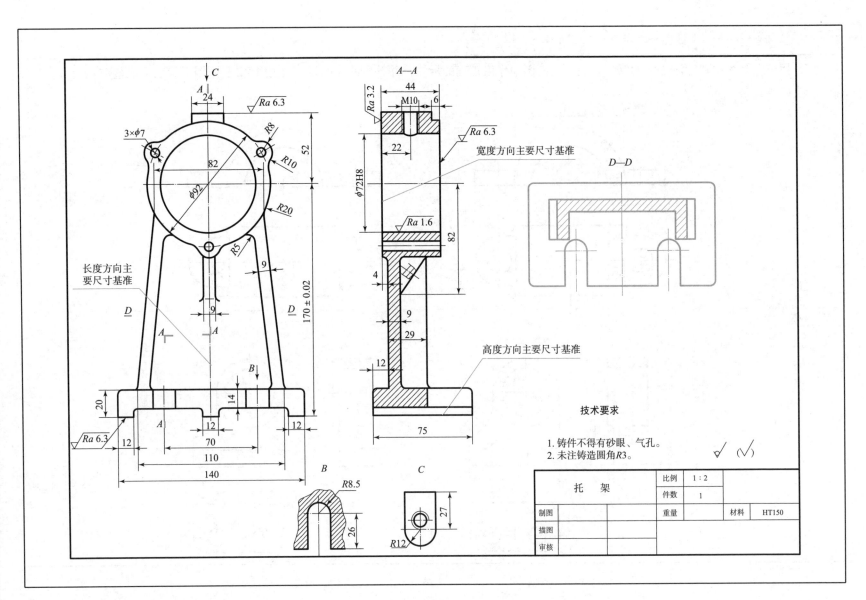

技术要求

1. 铸件不得有砂眼、气孔。
2. 未注铸造圆角R3。

托　架	比例	1：2		
	件数	1		
制图		重量		材料	HT150
描图					
审核					

1. 找出左侧图中在标注方面的错误，在右侧的图中作出正确的标注，并补全漏注的尺寸（按 1:1 在原图上量取，取整数）。

（1）

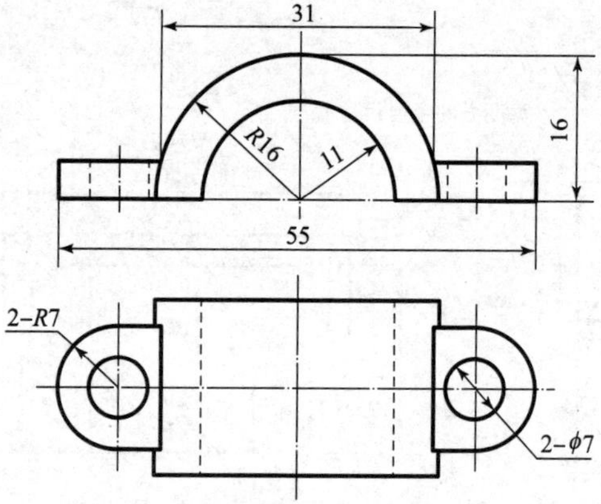

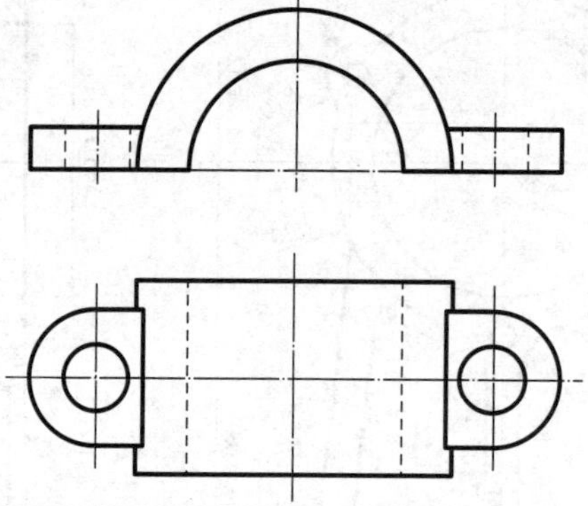

（2）

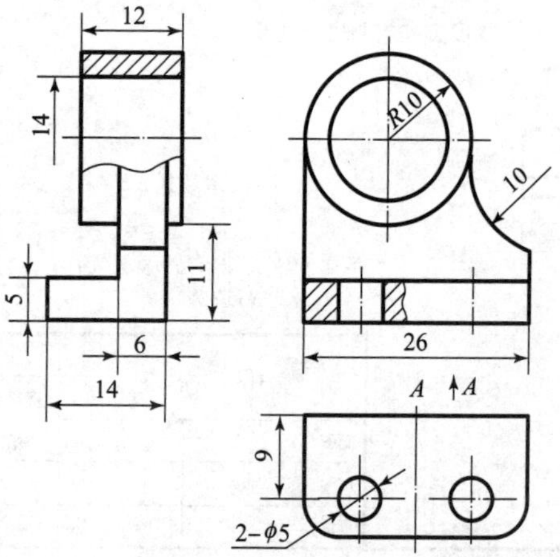

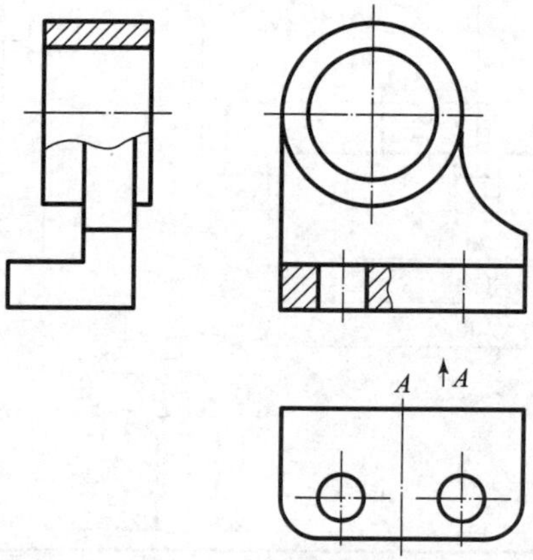

班级　　　　姓名　　　　学号

1. 根据装配图中的配合代号，在相应零件图上标注出公差代号和偏差值，并回答问题。

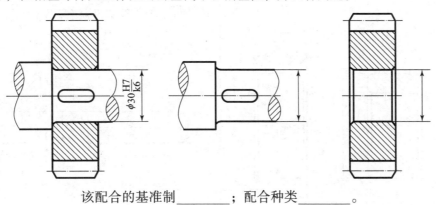

该配合的基准制_____；配合种类_____。

2. 根据图中的标注，将有关数值填入表中。

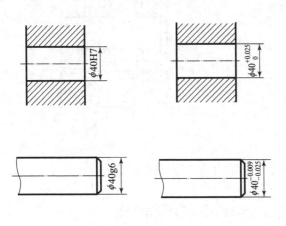

尺寸名称	数值/mm	
	孔	轴
公称尺寸		
公差带代号		
最大极限尺寸		
最小极限尺寸		
上极限偏差		
下极限偏差		
公差		

1. 根据零件图的孔、轴公差带代号，分别在装配图上注出配合代号。

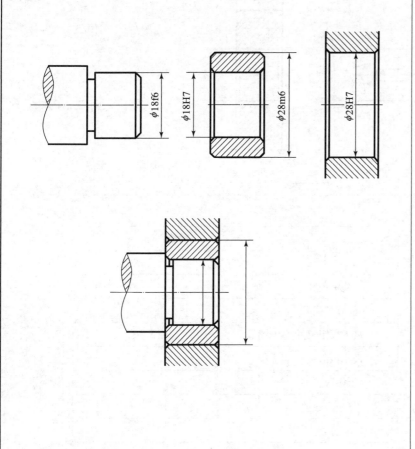

2. 根据各零件的公差带代号，分别在装配图上注出配合代号，并说明属于哪种基准制和配合种类。

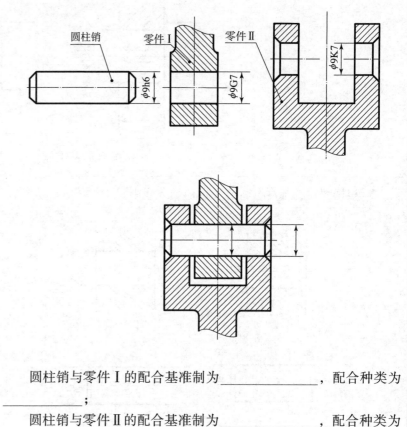

圆柱销与零件 I 的配合基准制为＿＿＿＿＿＿＿＿＿，配合种类为＿＿＿＿＿＿；

圆柱销与零件 II 的配合基准制为＿＿＿＿＿＿＿＿＿，配合种类为＿＿＿＿＿＿。

1. 已知小轴的表面加工要求如下，试标注表面结构代号。

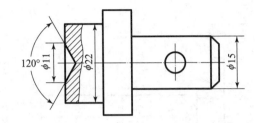

$\phi22$和$\phi15$圆柱表面 $\sqrt{Ra\,3.2}$；右端面 $\sqrt{Ra\,12.5}$；

120°内锥面 $\sqrt{Ra\,1.6}$；其余 $\sqrt{Ra\,6.3}$

2. 已知支座的表面加工要求如下，试标注表面结构代号。

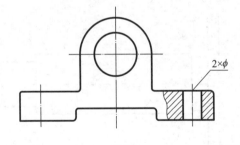

底面 $\sqrt{Ra\,12.5}$；两小孔 $\sqrt{Ra\,25}$；上部轴孔 $\sqrt{Ra\,3.2}$；其余 $\sqrt{\ }$

3. 找出下面图（1）中表面结构要求代号在标注方面的错误，并在图（2）中作出正确的标注。

（1）

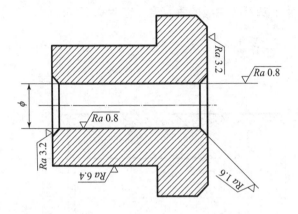

（2）

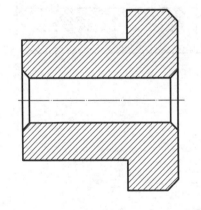

1. 根据文字说明，在图中标注几何公差的符号和代号。

（1）$\phi45g6$ 的圆柱度公差为 0.03 mm。

（2）$\phi45g6$ 的轴线对 $\phi22H7$ 轴线的同轴度公差为 $\phi0.05$ mm。

（3）右端面对 $\phi22H7$ 轴线的垂直度公差为 0.15 mm。

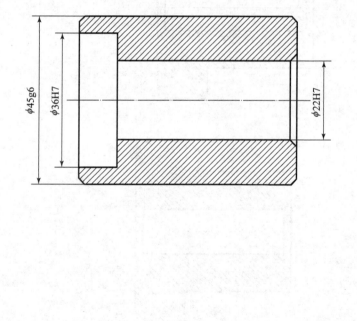

2. 分析图（1）中几何公差的标注错误，在图（2）中作出正确标注。

（1）

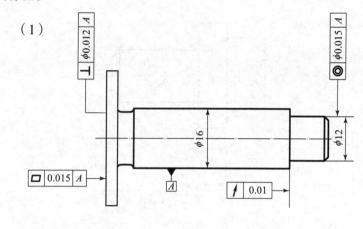

（2）

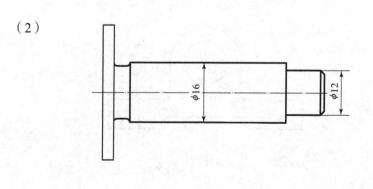

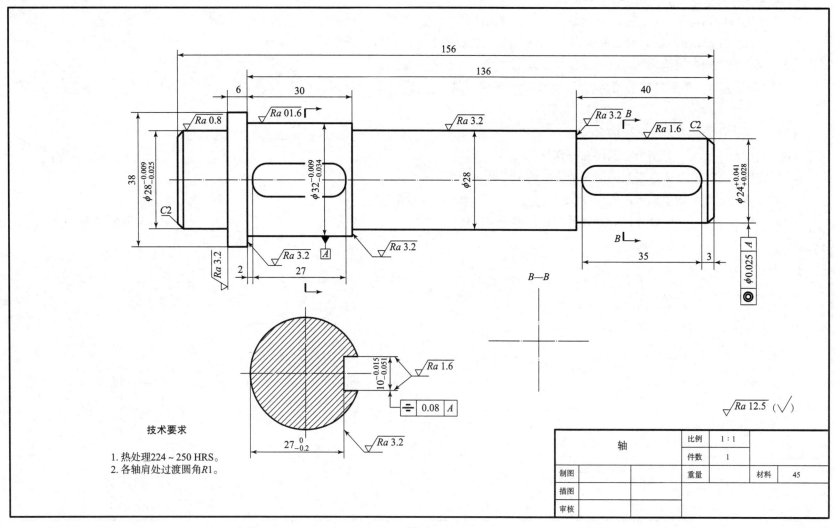

技术要求

1. 热处理224~250 HRS。
2. 各轴肩处过渡圆角R1。

	轴	比例	1:1
		件数	1
制图		重量	
描图			材料	45
审核			

班级　　　　　　　　姓名　　　　　　　　学号

读减速器从动轴零件图，并回答下列问题：

（1）该零件的名称是_____，材料是_____，比例是_____。

（2）补画图中所缺的 $B-B$ 移出断面图。（键槽的宽度在原图上 1:1 量取，键槽深度为 4 mm。）

（3）该零件上两个键槽长度方向的定位尺寸分别为_____和_____。

（4）$\phi 28^{-0.009}_{-0.025}$ mm 的上极限偏差是_____，下极限偏差是_____，上极限尺寸是_____，下极限尺寸是_____，公差是_____。

（5）说明表面结构要求 $\sqrt{Ra\,3.2}$ 的含义是_____。

（6）图中有_____处倒角，其尺寸分别是_____。

（7）在图中标出长度、宽度和高度三个方向的主要尺寸基准。

（8）该零件表面结构要求最高的代号是_____，要求最低的代号是_____。

（9）图中有_____处几何公差代号，解释框格 ○ | 0.06 | A 的含义：被测要素是_____，基准要素是_____，公差项目是_____，公差值是_____。

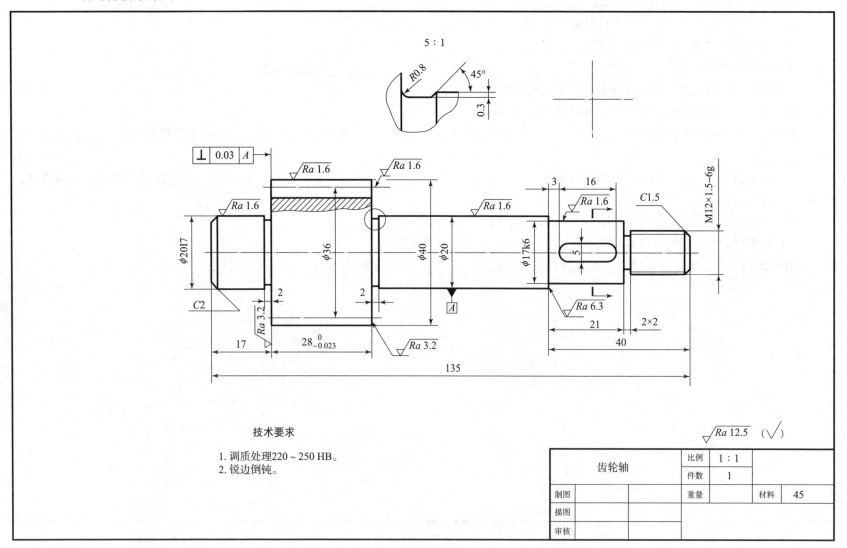

技术要求

1. 调质处理220~250 HB。
2. 锐边倒钝。

齿轮轴	比例	1:1		
	件数	1		
制图		重量		材料
描图				45
审核				

读齿轮轴零件图，并回答下列问题：

（1）该零件的名称是_____，材料是_____，比例是_____。

（2）表面结构要求 $\sqrt{Ra\,12.5}$ 的含义是_____。

（3）该零件图采用了_____等表达方法。

（4）在图中标出长度、宽度和高度三个方向的主要尺寸基准。

（5）补画图中所缺的移出断面图。（键槽深度为 4 mm。）

（6）$28_{-0.023}^{\ 0}$ mm 的上极限偏差是_____，下极限偏差是_____，上极限尺寸是_____，下极限尺寸是_____，公差是_____。

（7）图中有_____处倒角，其尺寸分别是_____；有_____处退刀槽和砂轮越程槽，其尺寸分别是_____。

（8）在图中标出长度、宽度和高度三个方向的主要尺寸基准。

（9）该零件表面结构要求最高的代号是_____，要求最低的代号是_____。

（10）解释几何公差框格 $\boxed{\perp\ |\ 0.03\ |\ A}$ 的含义：被测要素是_____，基准要素是_____，公差项目是_____，公差值是_____。

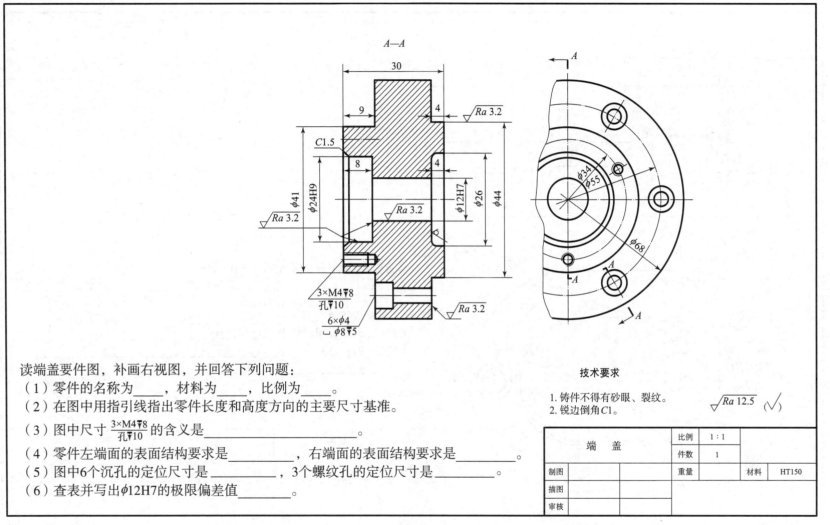

读端盖要件图，补画右视图，并回答下列问题：

（1）零件的名称为＿＿＿＿，材料为＿＿＿＿，比例为＿＿＿＿。

（2）在图中用指引线指出零件长度和高度方向的主要尺寸基准。

（3）图中尺寸 $\frac{3\times M4\blacktriangledown 8}{孔\blacktriangledown 10}$ 的含义是＿＿＿＿＿＿＿＿＿＿＿＿＿＿＿＿。

（4）零件左端面的表面结构要求是＿＿＿＿＿＿＿，右端面的表面结构要求是＿＿＿＿＿＿＿。

（5）图中6个沉孔的定位尺寸是＿＿＿＿＿＿＿，3个螺纹孔的定位尺寸是＿＿＿＿＿＿＿。

（6）查表并写出 $\phi 12H7$ 的极限偏差值＿＿＿＿＿。

技术要求

1. 铸件不得有砂眼、裂纹。
2. 锐边倒角C1。

$\sqrt{Ra\ 12.5}$ $(\sqrt{\ })$

端　盖			比例	1：1
			件数	1
制图			重量	材料　HT150
描图				
审核				

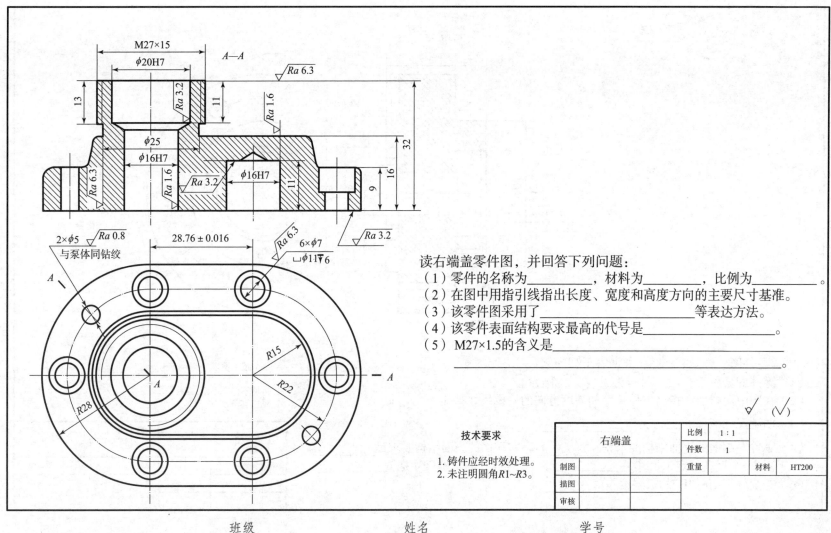

读右端盖零件图，并回答下列问题：
（1）零件的名称为_____，材料为_____，比例为_____。
（2）在图中用指引线指出长度、宽度和高度方向的主要尺寸基准。
（3）该零件图采用了_____等表达方法。
（4）该零件表面结构要求最高的代号是_____。
（5）M27×1.5的含义是_____
_____。

技术要求

1. 铸件应经时效处理。
2. 未注明圆角R1~R3。

右端盖		比例	1：1		
		件数	1		
制图		重量		材料	HT200
描图					
审核					

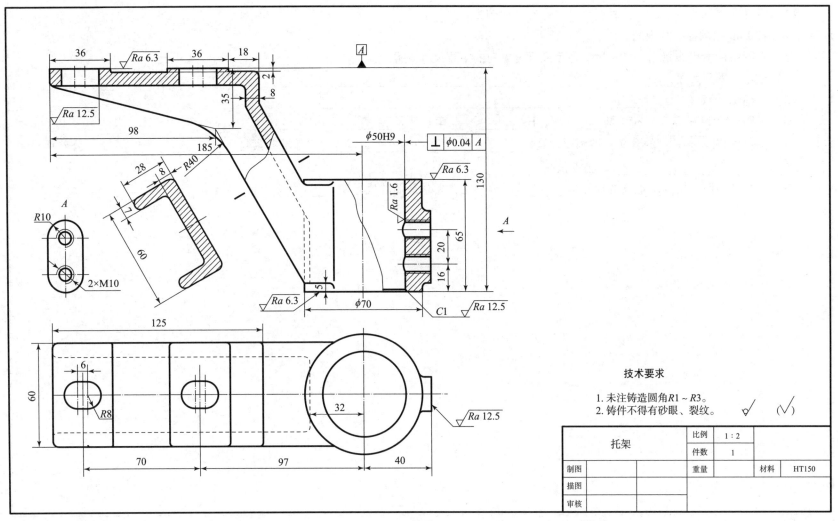

技术要求

1. 未注铸造圆角R1~R3。
2. 铸件不得有砂眼、裂纹。

托架		比例	1:2		
		件数	1		
制图			重量	材料	HT150
描图					
审核					

班级　　　　　　　　　姓名　　　　　　　　学号

读托架零件图，并回答下列问题：

（1）零件的名称为_____，材料为_____，比例为_____。

（2）按 1：2 比例补画左视图。

（3）在图中用指引线指出零件长度、宽度和高度方向的主要尺寸基准。

（4）该零件图采用了_____等表达方法。

（5）2×M10 的定位尺寸是_____。

（6）说明 φ50H9 的含义：φ50 是_____，H9_____，其中 H 是_____，9 是_____。

（7）解释框格 ⊥ | 0.04 | A 的含义：被测要素是_____，基准要素是_____，公差项目是_____，公差值是_____。

（8）该零件表面结构要求最高的代号是_____，表面结构要求最低的代号是_____。

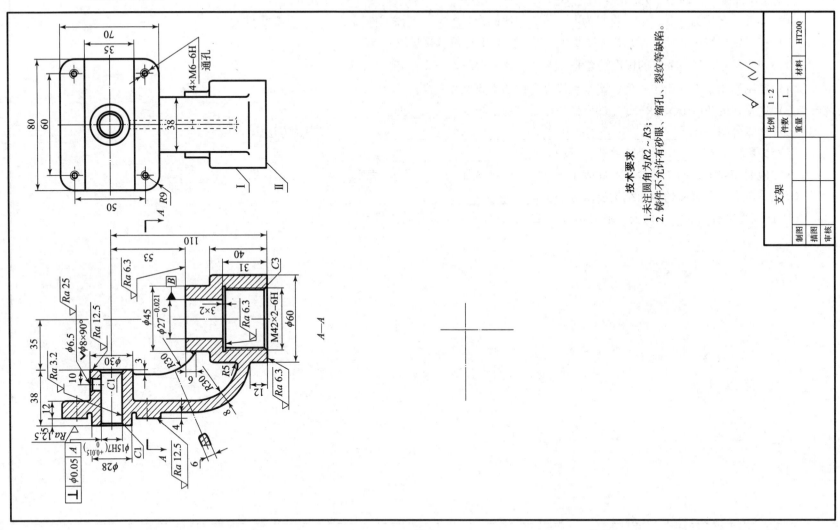

技术要求
1. 未注圆角为R2～R3;
2. 铸件不允许有砂眼、缩孔、裂纹等缺陷。

支架			比例	1：2	材料	HT200
			件数	1		
			重量			
制图						
描图						
审核						

读支架零件图，并回答下列问题：

(1) 零件的名称为_____，材料为_____，比例为_____，该零件属于_____类零件。

(2) 在指定位置画 $A - A$ 剖视图（尺寸在原图上按 1∶1 比例直接量取）。

(3) 查表求 $\phi 27^{+0.021}_{0}$ mm 的标准公差是_____级。

(4) 在图中用指引线指出长度、宽度和高度方向的主要尺寸基准。

(5) 连接板的 70 mm × 80 mm 左端面做成凹槽是为了减少_____面。

(6) 该零件图采用了_____等表达方法。

(7) 该零件上有_____个螺纹孔，标记分别为_____。

(8) 说明 M42 × 2 – 6H 的含义：M 表示_____，42 表示_____，2 表示_____，6H 表示_____。

(9) Ⅰ、Ⅱ两个表面的表面结构要求分别是_____。

(10) 该零件有_____种表面结构要求，其中表面结构要求最高的代号是_____。

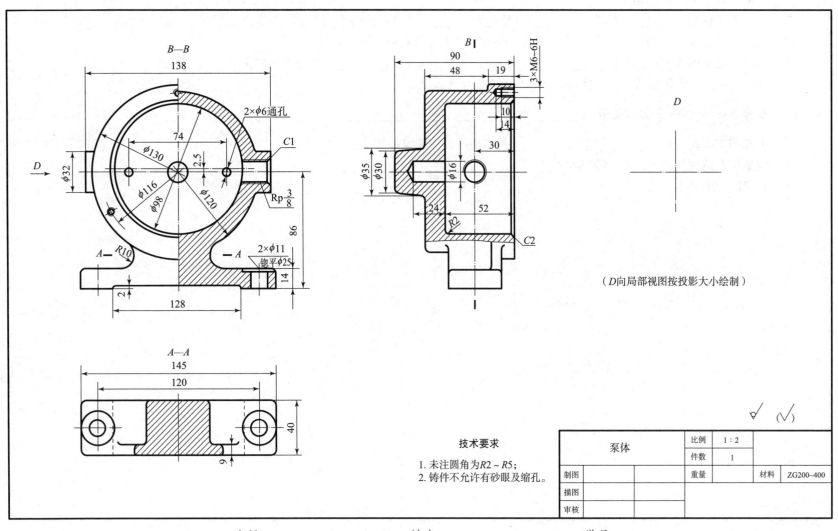

（D向局部视图按投影大小绘制）

技术要求

1. 未注圆角为R2～R5；
2. 铸件不允许有砂眼及缩孔。

泵体		比例	1：2		
		件数	1		
制图			重量		材料	ZG200~400
描图					
审核					

班级　　　　　　　姓名　　　　　　　学号

读泵体零件图，并回答下列问题：

(1) 零件的名称为_____，材料为_____，比例为_____，该零件属于_____类零件。

(2) 在指定位置画 D 向局部视图（尺寸在原图上按 1∶1 比例直接量取）。

(3) 该零件图采用了_____等表达方法。

(4) 在图中用指引线指出长度、宽度和高度方向的主要尺寸基准。

(5) 解释螺纹标记 Rp $\frac{3}{8}$ 的含义是_____。

(6) 主视图中 2.5 是 φ_____孔和 φ_____孔在高度方向的定位尺寸。

(7) 制造该泵体的材料 ZG200 – 400 表示_____。

(8) 3 × M6 – 6H 的含义是_____。

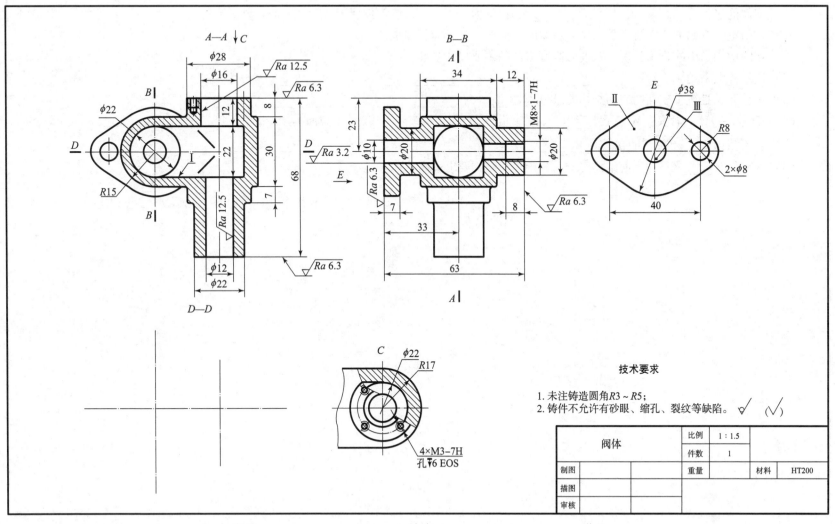

A—A ↓C

φ28
φ16
√Ra 12.5
√Ra 6.3

B
φ22
12
8
22
30
D
√Ra 3.2
I
R15
B
7
√Ra 12.5
68
D
√Ra 6.3
φ12
φ22
D—D

B—B
A
34
12
M8×1-7H
23
φ10
φ20
φ20
E
√Ra 6.3
7
√Ra 6.3
8
33
63
A

E
φ38
II
III
R8
2×φ8
40

C
φ22
R17
4×M3-7H
孔▽6 EOS

技术要求

1. 未注铸造圆角R3~R5;
2. 铸件不允许有砂眼、缩孔、裂纹等缺陷。 √ (√)

阀体		比例	1:1.5		
		件数	1		
制图		重量		材料	HT200
描图					
审核					

班级　　　　　　　　姓名　　　　　　　　学号

读阀体零件图，并回答下列问题：

（1）零件的名称为_____，材料为_____，比例为_____，该零件属于_____类零件。

（2）在指定位置画 $D-D$ 剖视图（尺寸在原图上按 1:1 比例直接量取）。

（3）在图中用指引线指出长度、宽度和高度方向的主要尺寸基准。

（4）该零件图采用了_____等表达方法。

（5）Ⅰ、Ⅱ、Ⅲ三个表面的表面结构要求分别是_____。

（6）M8×1－7H 的含义：M 表示_____，8 表示_____，1 表示_____，7H 表示_____。

（7）表面结构要求 $\sqrt{Ra\,12.5}$ 的含义是_____。

（8）该零件有_____种表面结构要求，其中表面结构要求最高的代号是_____。

第十章　标准件和常用件

一、内容概要

1. 目的要求

标准件和常用件是机器或部件装配和安装中广泛使用的零件，由于用途广、用量大、规格和种类繁多，国家标准已将这类零件的结构形状、尺寸等全部或部分予以标准化。通过学习要求学生掌握以下内容：

（1）掌握内、外螺纹和螺纹连接的规定画法，掌握常见螺纹的标注。

（2）掌握常用螺纹紧固件及其连接的画法规定，理解标记含义，会查表。

（3）掌握直齿圆柱齿轮参数及其相互关系，熟练掌握单个圆柱齿轮及啮合圆柱齿轮的画法。

（4）理解滚动轴承画法规定，了解滚动轴承的标记含义。

（5）掌握键连接和销连接的画法，熟悉键和销的标记方法，会查表。

（6）理解圆柱螺旋压缩弹簧的画法规定。

2. 重、难点

（1）直齿圆柱齿轮基本参数的计算，单个齿轮的规定画法和两齿轮啮合的规定画法。

（2）内、外螺纹和螺纹连接的规定画法。

（3）螺纹紧固件的装配连接画法。

二、题目类型

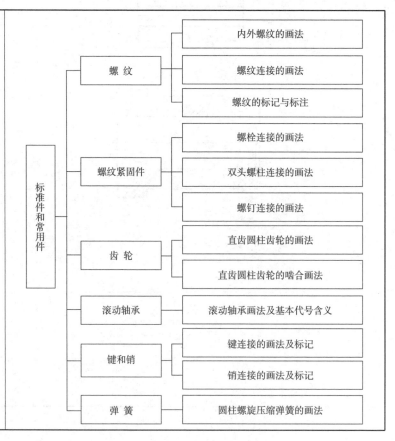

- 标准件和常用件
  - 螺纹
    - 内外螺纹的画法
    - 螺纹连接的画法
    - 螺纹的标记与标注
  - 螺纹紧固件
    - 螺栓连接的画法
    - 双头螺柱连接的画法
    - 螺钉连接的画法
  - 齿轮
    - 直齿圆柱齿轮的画法
    - 直齿圆柱齿轮的啮合画法
  - 滚动轴承
    - 滚动轴承画法及基本代号含义
  - 键和销
    - 键连接的画法及标记
    - 销连接的画法及标记
  - 弹簧
    - 圆柱螺旋压缩弹簧的画法

题目 用所给的两个螺纹连接件 1 和 2，在下面指定位置画出内、外螺纹连接的全剖视图，旋合长度为 15 mm。

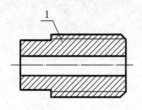

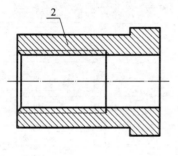

分析 内外螺纹旋合连接，按照国家标准规定，旋合的部分按外螺纹画，其余按照各自的画法画出。先抄画内螺纹，然后量取旋合长度 15 mm，画外螺纹，被遮挡图线擦除，注意剖面线画到粗实线为止。

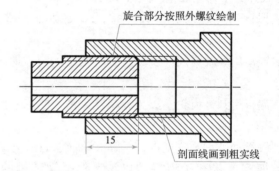

旋合部分按照外螺纹绘制

15

剖面线画到粗实线

例2　螺栓连接画法示例

题目　改正螺栓连接简化画法中的错误。

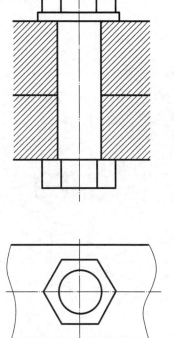

分析　按照国家标准规定，在绘制螺栓连接的装配图时，螺栓、螺母、垫圈按照不剖绘制；两零件接触表面只画一条线；相邻两零件画两条线分别表示各自的轮廓；螺栓的螺纹长度终止线画到下面零件顶面的上方，漏画的图线和错误的画法如图所示。

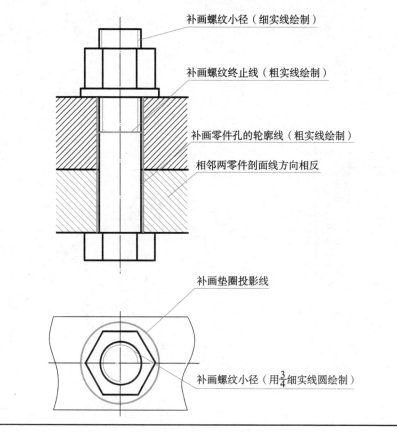

补画螺纹小径（细实线绘制）

补画螺纹终止线（粗实线绘制）

补画零件孔的轮廓线（粗实线绘制）

相邻两零件剖面线方向相反

补画垫圈投影线

补画螺纹小径（用 $\frac{3}{4}$ 细实线圆绘制）

题目 已知直齿圆柱齿轮模数 $m = 2$ mm，齿数 $z = 25$，轮齿倒角 $C1$，计算该齿轮的齿顶圆、齿根圆和分度圆直径，并完成齿轮的两视图。

分析 根据已知参数 $m = 2$ mm，$z = 25$，计算下列公式：

$$d = mz = 2 \times 25 = 50 \ (mm)$$

$$d_a = m(z + 2) = 54 \ mm$$

$$d_f = m(z - 2.5) = 45 \ mm$$

依据尺寸和规定画法完成齿轮的两视图，如图所示。

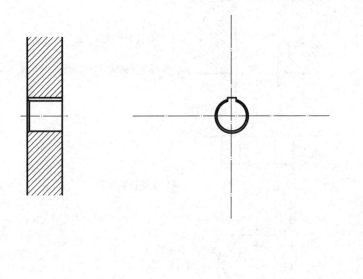

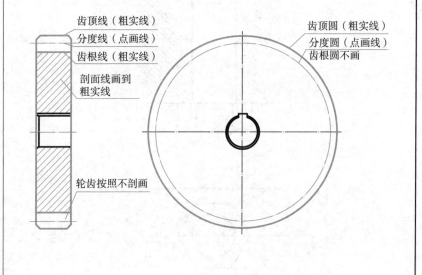

齿顶线（粗实线）
分度线（点画线）
齿根线（粗实线）
剖面线画到粗实线
轮齿按照不剖画

齿顶圆（粗实线）
分度圆（点画线）
齿根圆不画

班级　　　　姓名　　　　学号

四、习题 **10-1** 分析图中错误，在指定位置画出正确的图形。

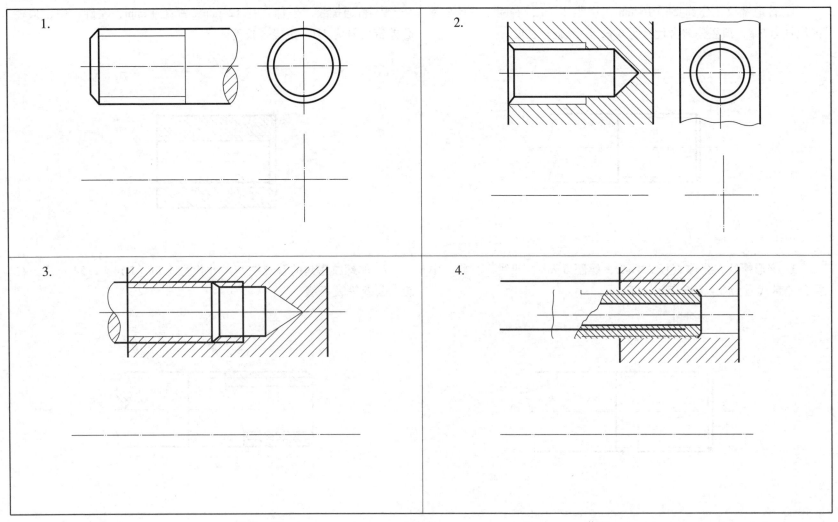

1. 普通螺纹，公称直径 16 mm，螺距 2 mm，右旋，中径公差带代号为 5 g，顶径公差带代号为 6 g，中等旋合长度。

2. 普通螺纹，公称直径 12 mm，螺距 1 mm，左旋，中、顶径公差带代号为 7H，短旋合长度。

3. 梯形螺纹，公称直径 32 mm，螺距 6 mm，双线，右旋，中径公差带代号为 6 g，长旋合长度。

4. 非螺纹密封的管螺纹，尺寸代号 1 in（1 in = 2.54 cm），右旋，公差等级 A 级。

班级　　　　　　　　姓名　　　　　　　　学号

1. A级六角头螺栓（GB/T 5782—2016）。

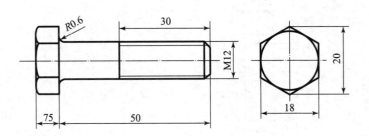

规定标记：＿＿＿＿＿＿＿＿＿＿＿＿＿

2. 双头螺柱（GB/T 897—1988）。

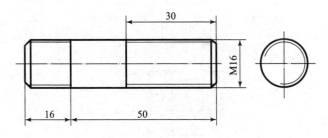

规定标记：＿＿＿＿＿＿＿＿＿＿＿＿＿

3. A级1型六角头螺母（GB/T 6170—2015）

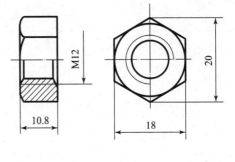

规定标记：＿＿＿＿＿＿＿＿＿＿＿＿＿

4. 圆柱销（GB/T 119.1—2000）

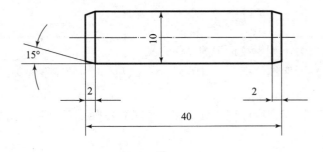

规定标记：＿＿＿＿＿＿＿＿＿＿＿＿＿

1. 找出图中画法的错误，并将正确的图形画在右面的指定位置。

（1）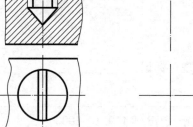

（2）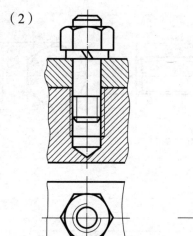

2. 解释下列螺纹标记的完整含义。

（1）说明螺纹标记"M16 × 1.5 – 6g7g – L"的完整含义：

（2）说明螺纹标记"Tr32 × 12（P6）LH – 8H – L"的完整含义：

（3）说明螺纹标记"G1"代号的完整含义：

1. 用 M16 的螺栓（GB/T 5782），螺母（GB/T 6170）和垫圈（GB/T 97.1）连接下列两个零件，用比例画法 1：1 完成螺栓连接图。

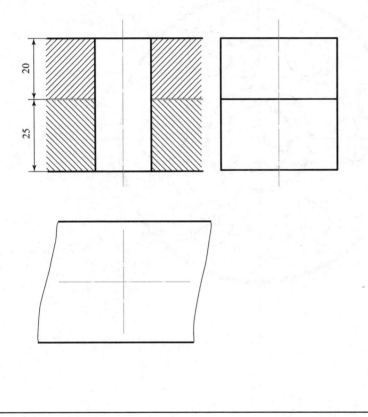

2. 用 M16 的双头螺柱（GB/T 898）、螺母（GB/T 6170）和垫圈（GB/T 97.1）连接两零件，用比例画法 1：1 完成双头螺柱连接图。

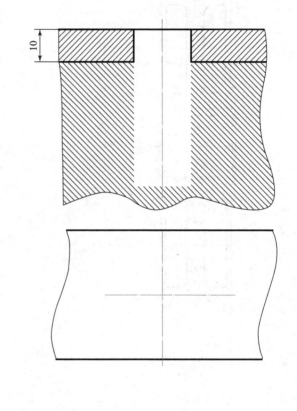

班级　　　　　　姓名　　　　　　学号

1. 已知直齿圆柱齿轮模数 $m = 5$ mm，齿数 $z = 40$，试计算该齿轮的分度圆、齿顶圆和齿根圆的直径。用 $1:2$ 比例完成下列两视图，并标注尺寸（轮齿倒角为 $1.5 \times 45°$）。

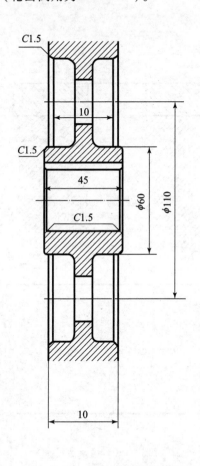

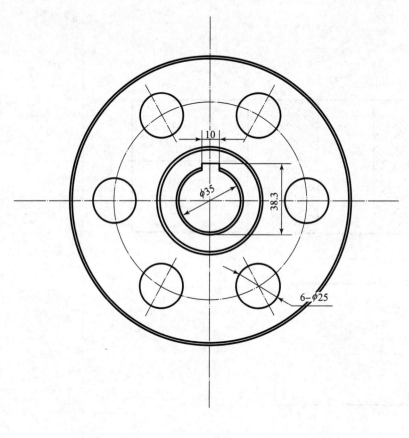

1. 已知大齿轮模数 $m = 4$ mm，齿数 $z_1 = 38$，两齿轮的中心距 $a = 110$ mm，试计算大小两齿轮的分度圆、齿顶圆和齿根圆的直径及传动比。用 1 : 2 的比例完成下列直齿圆柱齿轮的啮合图（写出计算公式和结果）。

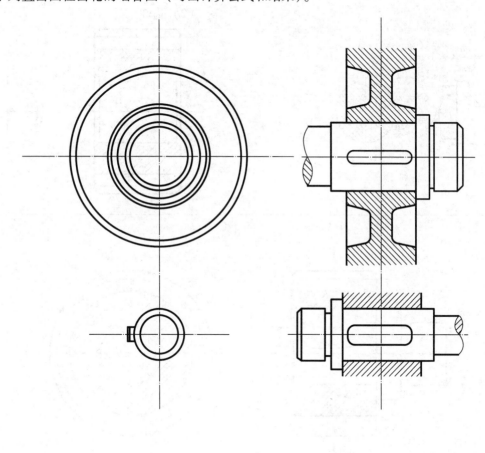

1. 已知齿轮和轴，用普通 A 型平键连接，键的基本尺寸 $b = 12$ mm，长度 $l = 40$ mm，查表确定键和键槽的尺寸。用 1：2 比例画出下列各视图和剖视图，并注出（1）和（2）图中键槽的尺寸。

（1）轴

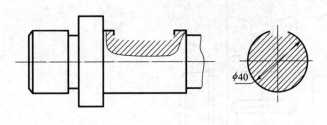 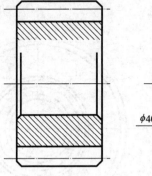

$\phi 40$

（2）齿轮

$\phi 40$

（3）用键连接齿轮和轴

A—A

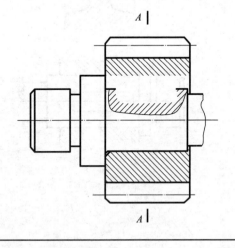 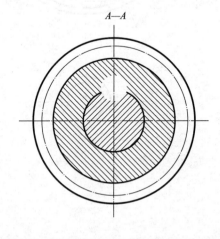

A

A

1. 查表确定滚动轴承的尺寸，用规定画法按照 1∶1 比例在轴端画出轴承与轴的装配图。

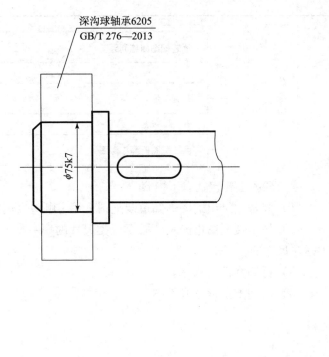

深沟球轴承6205
GB/T 276—2013

$\phi 75k7$

2. 用 1∶1 比例画出圆柱螺旋压缩弹簧的剖视图。已知 $d = 4$ mm，$t = 10.2$ mm，$D_2 = 30$ mm，$H_0 = 95$ mm，右旋。

班级　　　　　　　姓名　　　　　　　学号

第十一章　装配图

1. 目的要求

　　表示一台机器或一个部件装配关系、工作原理、相对位置的图样称为装配图。要求掌握装配图的常用表达方法、特殊表达方法、尺寸标注，以及读装配图和由装配图拆画零件图。

2. 重、难点

（1）装配图的表达方法。

（2）装配图中的五类尺寸。

（3）由装配图拆画零件图

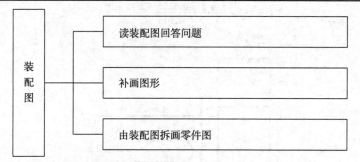

　　读装配图主要包括以下内容：

　　（1）能根据给出的图形知道装配图采用了哪些表达方法。

　　（2）知道装配图中的尺寸属于五类尺寸的哪一类，解释装配图中标注尺寸的含义。

　　（3）拆卸零件的顺序。

　　（4）由装配图拆画零件图。

工作原理：

夹线体是将线穿入衬套 3 中，然后旋转手动压套 1，通过螺纹 $M36 \times 2$ 使手动压套向右移动，沿着锥面接触使衬套向中心收缩（因为在衬套上开有槽），从而夹紧线体。当衬套夹住线后，还可以与手动压套 1、夹套 2 一起在盘座 4 的孔中旋转。

读图要求：

1. 画出 $A - A$ 剖面图。

$$A - A$$

2. 拆画零件 2 夹套，并填写标题栏中的零件材料、名称。

		比例		
		数量		
制图		重量		材料
描图				
审核				

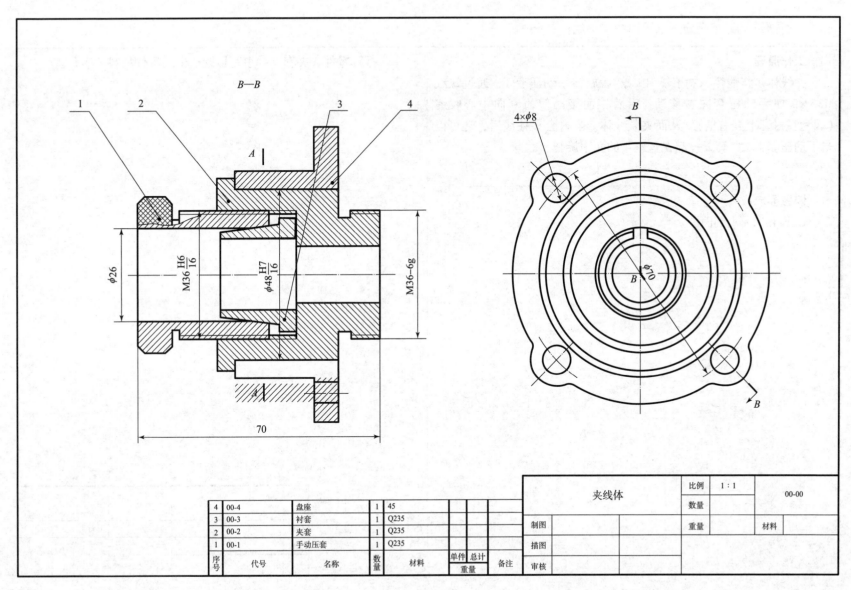

B—B

1   2   3   4

4×ϕ8

A

ϕ26

M36$\frac{H6}{16}$

ϕ48$\frac{H7}{16}$

M36—6g

A

70

B

ϕ70

B

B

4	00-4	盘座	1	45			
3	00-3	衬套	1	Q235			
2	00-2	夹套	1	Q235			
1	00-1	手动压套	1	Q235			
序号	代号	名称	数量	材料	单件 总计	备注	
					重量		

夹线体	比例	1：1	00-00
	数量		
制图		重量	材料
描图			
审核			

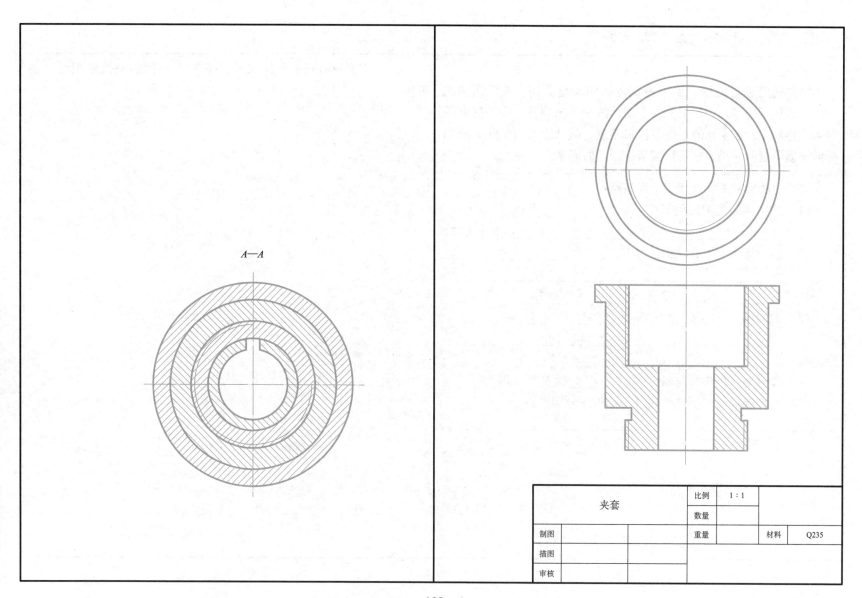

$A—A$

夹套	比例	1：1	
	数量		
制图		重量		材料	Q235
描图					
审核					

工作原理：

　　换向阀用于在流体管路中控制流体的输出方向。在图示情况下，流体从右边进入，因上出口不通，故从下出口流出。若转动手柄 4，使阀门 2 旋转 180°，则下出口不通，故从上出口流出，根据手柄转动角度的大小，还可以调节出口处的流量。

　　读换向阀装配图，并回答下列问题：

　　(1) 换向阀装配图采用了 _____

_____ 表达方法。

　　(2) 装配图上一般标注的尺寸有：_____

_____，图

中 118 属于 _____ 尺寸、G3/8 属于 _____ 尺寸。

　　(3) 换向阀中 $3 \times \phi 8$ 孔的作用是 _____

_____，其

定位尺寸为 _____。

　　(4) 序号为 7 的零件材料为 _____，其作用是 _____。

　　(5) 写出换向阀的拆卸顺序（写零件序号即可）：_____

_____。

　　(6) 实测换向阀装配图尺寸，按 2∶1 比例绘制锁紧螺母 3 零件图。

（7）实测换向阀装配图，按 1 : 1 比例绘制阀体 1 零件图。

				比例		
				件数		
制图			重量		共 张 第 张	
描图						
审核						

班级　　　　　　　　　　姓名　　　　　　　　　学号

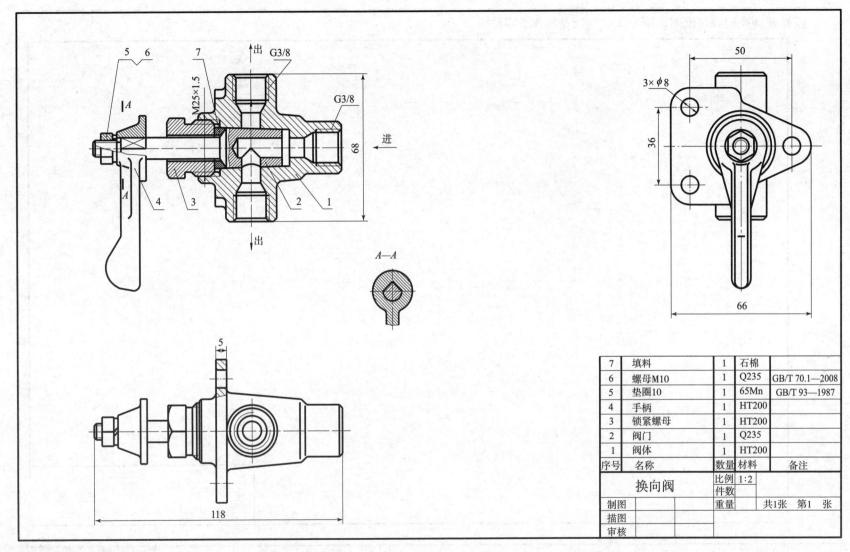

7	填料	1	石棉	
6	螺母M10	1	Q235	GB/T 70.1—2008
5	垫圈10	1	65Mn	GB/T 93—1987
4	手柄	1	HT200	
3	锁紧螺母	1	HT200	
2	阀门	1	Q235	
1	阀体	1	HT200	
序号	名称	数量	材料	备注

换向阀	比例	1:2		
	件数			
制图			重量	共1张 第1 张
描图				
审核				

班级　　　　　　　　姓名　　　　　　　　学号

工作原理：

供气阀是燃气灶的一个部件，操纵杆（图中未画出）插入阀门 1 上的孔内，可关闭、开通或控制出气量的大小。

读供气阀装配图，并回答下列问题：

（1）供气阀装配图采用了＿＿＿＿＿＿＿＿＿＿＿＿＿＿＿＿＿＿＿＿＿＿＿＿＿＿＿＿＿＿＿＿＿＿＿＿＿表达方法。

（2）供气阀装配图中 M12×1 属于＿＿＿＿＿＿尺寸，ϕ1.2 属于＿＿＿＿尺寸。

（3）挡圈 6 在供气阀中的作用是＿＿＿＿＿＿＿＿＿＿＿＿＿＿＿＿＿＿＿＿＿＿＿＿＿；

其材料为：＿＿＿＿＿＿＿＿＿＿＿＿＿＿＿＿＿＿＿。

（4）供气阀中标准件有＿＿＿＿＿种，其材料是＿＿＿＿＿，一个供气阀中用该零件＿＿＿＿＿＿。

（5）写出供气阀的拆卸顺序（写零件序号即可）：＿＿＿＿＿＿＿＿＿＿＿＿＿＿＿＿＿＿＿＿＿。

（6）看懂供气阀读装配图，实测 1∶1 比例拆画阀门 1 的零件图。

（7）看懂供气阀读装配图，实测并按 1:1 比例拆画阀体 2 的零件图，填写标题栏中内容（零件名称、材料）。

			比例		
			件数		
制图			重量		共 张 第 张
描图					
审核					

班级　　　　　　　　姓名　　　　　　　　学号

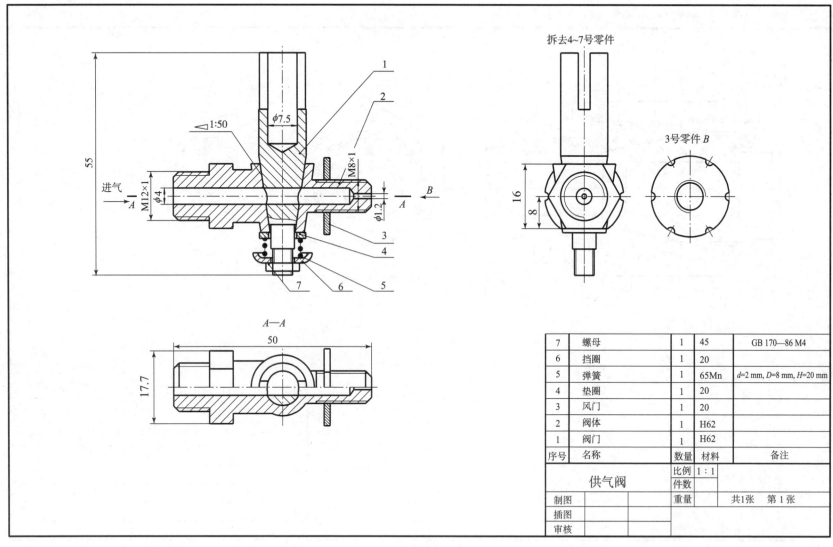

拆去4~7号零件

3号零件 B

进气

A—A

7	螺母	1	45	GB 170—86 M4
6	挡圈	1	20	
5	弹簧	1	65Mn	$d=2$ mm, $D=8$ mm, $H=20$ mm
4	垫圈	1	20	
3	风门	1	20	
2	阀体	1	H62	
1	阀门	1	H62	
序号	名称	数量	材料	备注

供气阀	比例	1：1		
	件数			
制图			重量	共1张　第 1 张
插图				
审核				

班级　　　　　　　姓名　　　　　　　学号

11-3 读管接头装配图，画出 *B–B*、*C–C* 断面图。

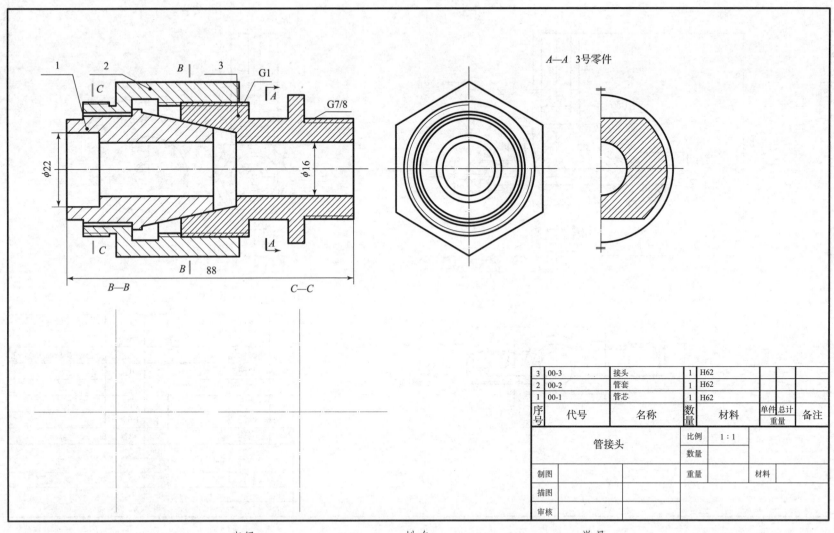

3	00-3	接头	1	H62			
2	00-2	管套	1	H62			
1	00-1	管芯	1	H62			
序号	代号	名称	数量	材料	单件 总计 重量		备注

管接头	比例	1：1		
	数量			
制图			重量		材料	
描图						
审核						

（1）部件由 _____ 种零件组成，其中标准件 _____ 个，分别是 _____。

（2）该部件采用了：_____ 表达方案。

（3）螺杆 9 的中部为 _____ 结构，其牙型为 _____ 型，大径为 _____，小径为 _____，螺距为 _____；右端的断面形状为 _____ 形，两组相交的细实线代表其所在线框为 _____ 面。

（4）装配图中的细虚线均为件 _____ 的轮廓线。

（5）用序号写出机用平口虎钳的拆卸顺序 _____。

（6）简述机用平口虎钳的工作原理。

_____

_____

_____。

（7）φ12H8/F7 是零件 _____ 与零件 _____ 的 _____ 制（基准制）配合，其含义为 _____

_____。

（8）写出装配图中的下列尺寸：

装配尺寸（配合尺寸）：_____；

安装尺寸：_____；

外形尺寸：_____。

（9）按 1∶1 比例量取并拆画螺杆 9 的零件图，填写标题栏。

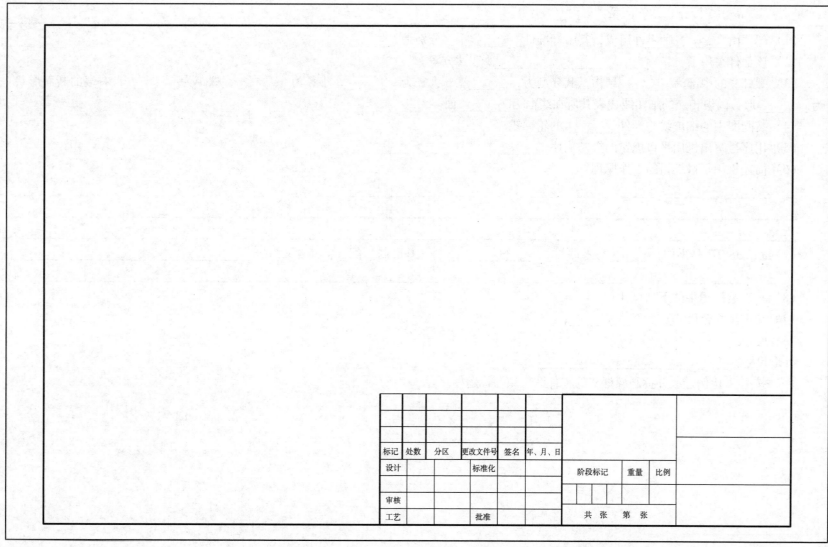

标记	处数	分区	更改文件号	签名	年、月、日			
设计			标准化			阶段标记	重量	比例
审核								
工艺			批准			共 张 第 张		

班级　　　　　　　　　姓名　　　　　　　　　学号

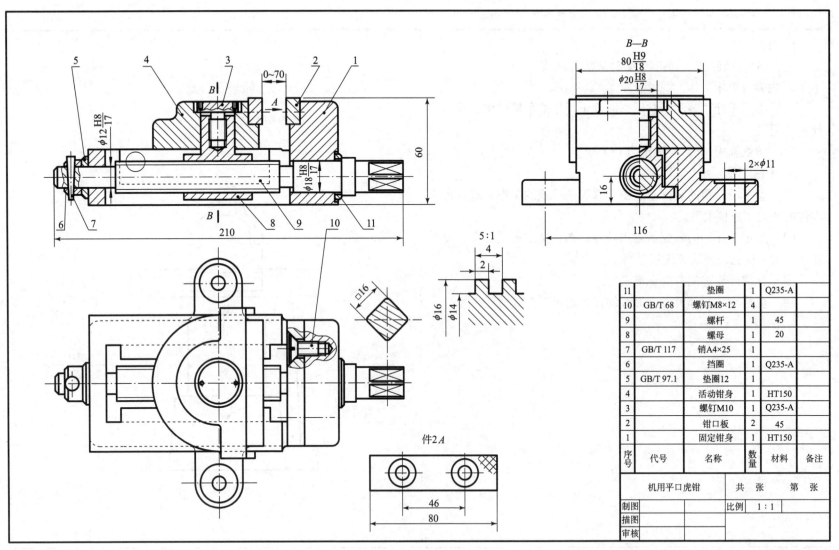

11		垫圈	1	Q235-A	
10	GB/T 68	螺钉M8×12	4		
9		螺杆	1	45	
8		螺母	1	20	
7	GB/T 117	销A4×25	1		
6		挡圈	1	Q235-A	
5	GB/T 97.1	垫圈12	1		
4		活动钳身	1	HT150	
3		螺钉M10	1	Q235-A	
2		钳口板	2	45	
1		固定钳身	1	HT150	
序号	代号	名称	数量	材料	备注

机用平口虎钳		共 张 第 张	
制图		比例	1:1
描图			
审核			

件2A

11－5 由千斤顶示意图及各零件图，拼画千斤顶装配图。

1. 目的

熟悉和掌握装配图的内容、表达方法及画法。

2. 内容与要求

（1）参照千斤顶装配示意图，阅读千斤顶的各零件图，拼画千斤顶装配图。

（2）图纸幅面 A3，绘图比例 1∶1。

3. 注意事项

（1）参考千斤顶的装配示意图，掌握千斤顶的工作原理及各个零件的装配、连接关系。

（2）根据千斤顶的装配示意图及零件图，选定表达方案，要先在草稿纸上试画，经检查无误后再正式绘制。

（3）标准件要查阅有关标准确定。

（4）应注意，相邻零件剖面线的方向和间隔要有明显的区别。

4. 图例

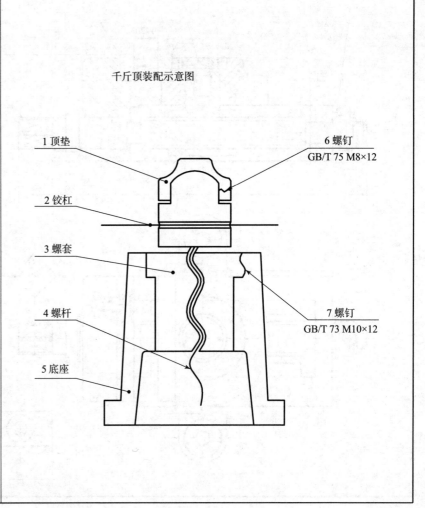

千斤顶装配示意图

1 顶垫
6 螺钉 GB/T 75 M8×12
2 铰杠
3 螺套
4 螺杆
7 螺钉 GB/T 73 M10×12
5 底座

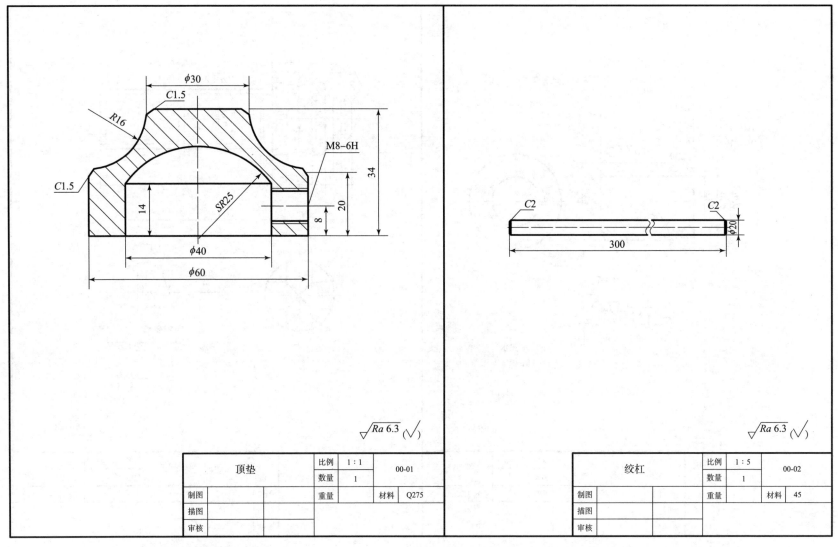

顶垫		比例	1：1	00-01
		数量	1	
制图		重量		材料	Q275
描图					
审核					

绞杠		比例	1：5	00-02
		数量	1	
制图		重量		材料	45
描图					
审核					

班级　　　　　　　　　姓名　　　　　　　　　学号

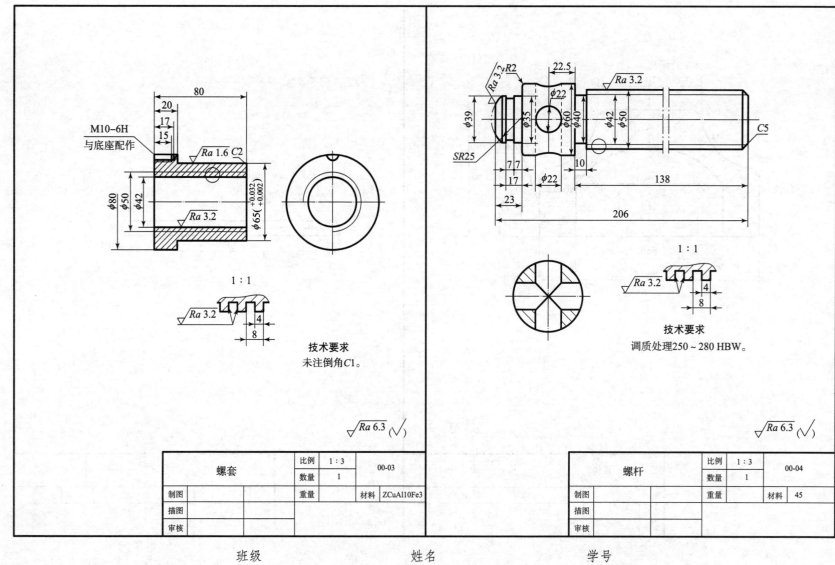

技术要求

未注倒角C1。

1 : 1

技术要求

调质处理250 ~ 280 HBW。

$\sqrt{Ra\,6.3}$ $(\sqrt{})$

$\sqrt{Ra\,6.3}$ $(\sqrt{})$

螺套	比例	1 : 3	00-03
	数量	1	
制图		重量	材料 ZCuAl10Fe3
描图			
审核			

螺杆	比例	1 : 3	00-04
	数量	1	
制图		重量	材料 45
描图			
审核			

班级　　　　　　　姓名　　　　　　　学号

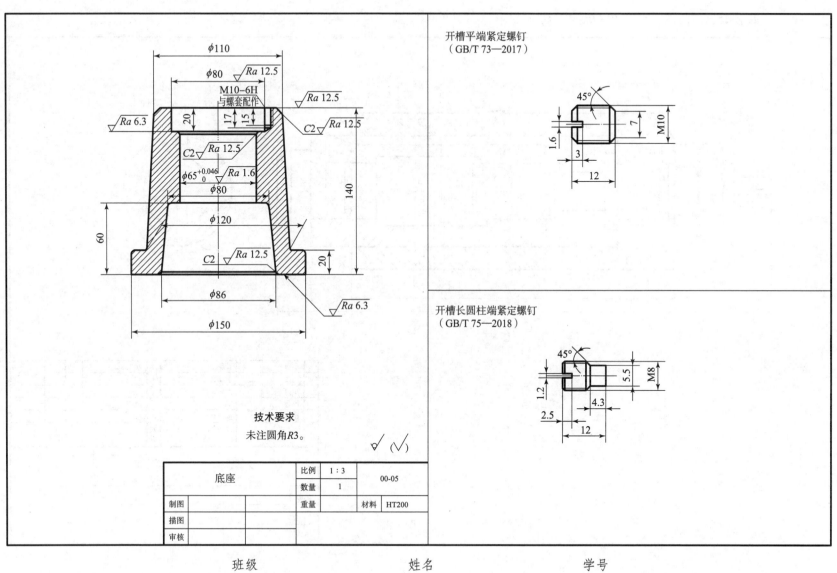

开槽平端紧定螺钉
（GB/T 73—2017）

开槽长圆柱端紧定螺钉
（GB/T 75—2018）

技术要求

未注圆角R3。

底座	比例	1：3	00-05
	数量	1	
制图		重量	材料	HT200
描图			
审核			

班级　　　　　　　　姓名　　　　　　　　学号

11 − 6 读顶紧器装配图，画出 *B − B*、*C − C* 断面图。

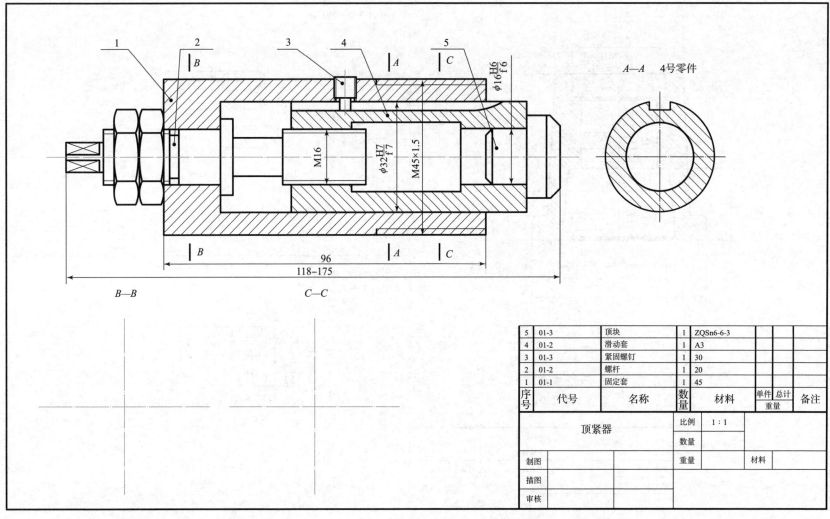

5	01-3	顶块	1	ZQSn6-6-3			
4	01-2	滑动套	1	A3			
3	01-3	紧固螺钉	1	30			
2	01-2	螺杆	1	20			
1	01-1	固定套	1	45			
序号	代号	名称	数量	材料	单件 重量	总计 重量	备注
顶紧器				比例	1:1		
				数量			
制图				重量		材料	
描图							
审核							

班级　　　　　　　　　姓名　　　　　　　　　学号

第十二章　制图的基本知识与技能

12 - 1　汉字

机	械	工	程	制	图	标	准	大	学	院	校	系	专	业	班	级	标	题	校	核

投	影	主	俯	仰	斜	视	向	前	后	左	右	半	剖	面	其	余	调	质	倒	角

比	例	材	料	零	件	序	号	基	本	知	识	密	封	热	处	理	锐	边	润	滑

螺母栓柱钉焊铆架垫圈平键销齿轮滚动轴承端盖壳体弹簧蜗轮杆

零部件测绘装配钻孔硬度铸铁钢板矿业工程技术扳手底座减速器

班级　　　　　　　　姓名　　　　　　　　学号

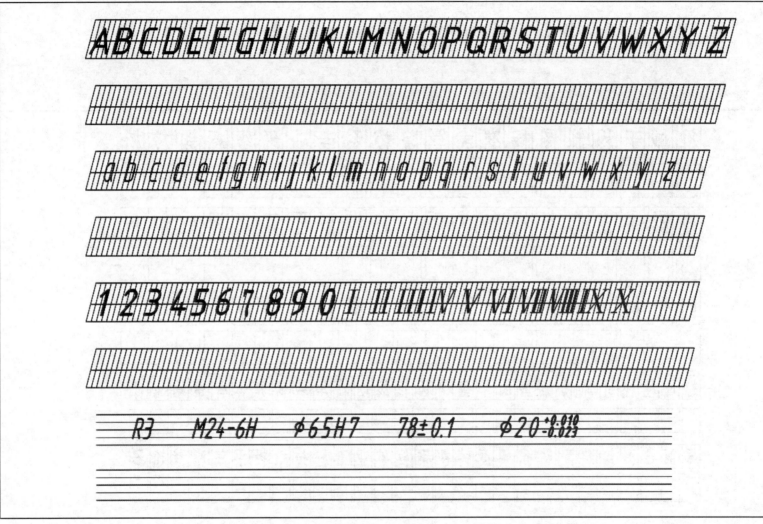

班级　　　　　　　姓名　　　　　　　学号

1. 在指定位置处，照样画出各种图线。

2. 用作图法作圆的内接正五边形、正六边形。

3. 在指定位置，用四心法画椭圆。（长轴为 60 mm，短轴为 40 mm。）

1. 参照所示图形及尺寸，用1:1的比例在指定位置画出图形，并标注尺寸。

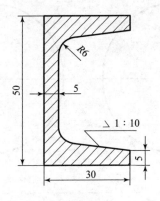

2. 参照所示图形及尺寸，用1:1的比例在指定位置画出图形，并标注尺寸。

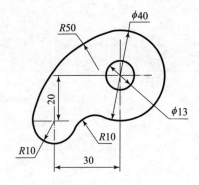

班级　　　　　　　姓名　　　　　　　学号

1. 在下列平面图形上标注箭头和尺寸数值。（直接在图中量取，圆整为整数。）

（1）

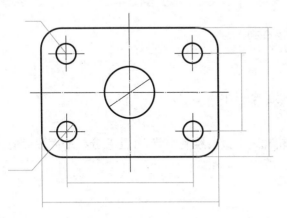

（2）

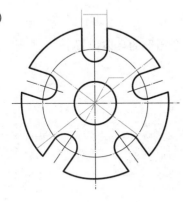

2. 标注下列平面图形的尺寸。（直接在图中量取，圆整为整数。）

（1）

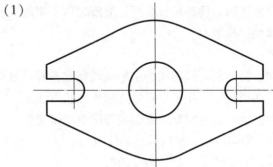

（2）

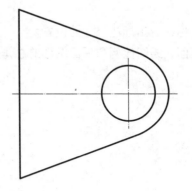

班级　　　　　　　　姓名　　　　　　　学号

几何作图

一、绘图要求

（1）在 A3 图纸上按照 1:1 画出下列平面图形，图名为几何作图。

（2）图形的尺寸正确，线型粗细分明、光滑匀称，字体工整，图面整洁，布局合理。

（3）所有字体均打格书写。

二、作图步骤

（1）准备工作：将绘制不同图线的铅笔及圆规准备好；图板、丁字尺和三角板等擦拭干净。

（2）将图纸放在图板上，用丁字尺找正后再用胶带固定。

（3）根据布图方案，利用投影关系先画各图形的基准线，再画各图形的主要轮廓线，最后绘制细节。（注意分析平面图形的尺寸和线段，先画已知线段、中间线段，最后画连接线段。）

（4）检查底稿，修正错误，擦掉多余图线。

（5）依次描深图线、标注尺寸，并填写标题栏。

三、注意事项

（1）图形布置要匀称，留出标注尺寸的位置。

（2）先依据图纸幅面、绘图比例和平面图形的总体尺寸大致布图，再画出作图基准线，确定每个图形的具体位置。

班级　　　　　　姓名　　　　　　学号

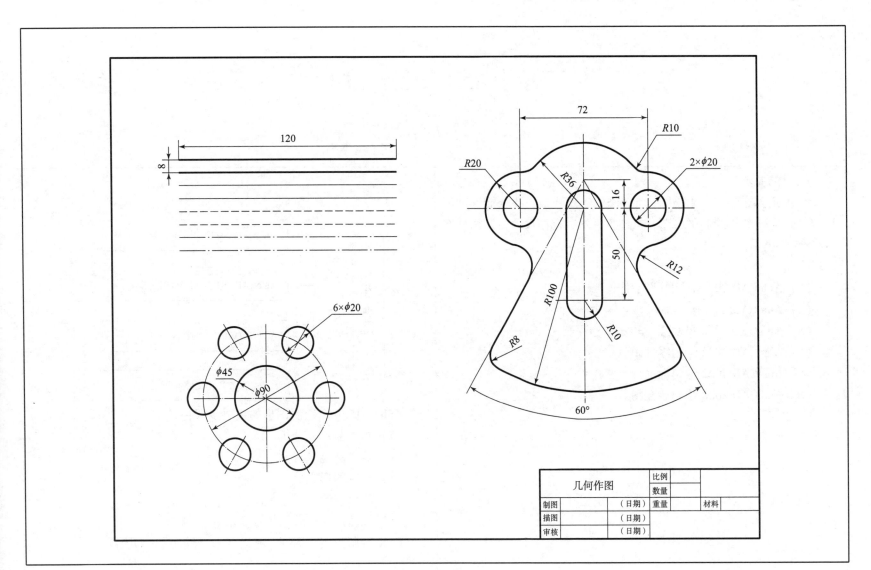

120

8

6×φ20

φ45

φ90

72

R10

R20

R36

16

2×φ20

50

R100

R10

R12

R8

60°

几何作图	比例		
	数量		
制图	（日期）	重量	材料
描图	（日期）		
审核	（日期）		

班级　　　　　　姓名　　　　　　学号

第十三章　计算机图

一、内容概要

1. 目的要求

计算机绘图是现在制图中一个必修的实践环节，要求能够利用 AutoCAD 2022 软件绘制平面图、机械零件图，标注尺寸，调用标准件及绘制装配图。

2. 重、难点

（1）AutoCAD 2022 常用绘图命令。

（2）AutoCAD 2022 修改命令。

（3）AutoCAD 2022 尺寸标注和文字标注。

（4）AutoCAD 2022 绘制零件图。

（5）AutoCAD 2022 绘制标准件、常用件。

（6）AutoCAD 2022 绘制装配图。

二、题目类型

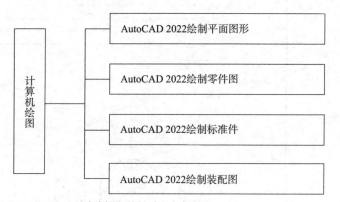

AutoCAD 2022 绘制图形的主要步骤：

（1）图形与尺寸分析。

（2）绘图环境设置。

（3）绘制图形底稿。

（4）线型修改。

（5）标注尺寸、填写技术要求等。

（6）绘制与填写图框、标题栏、零件序号、明细表。

三、习题 **13 – 1** 应用绘图软件，按照图中所标尺寸 1:1 绘制下列几何图形。

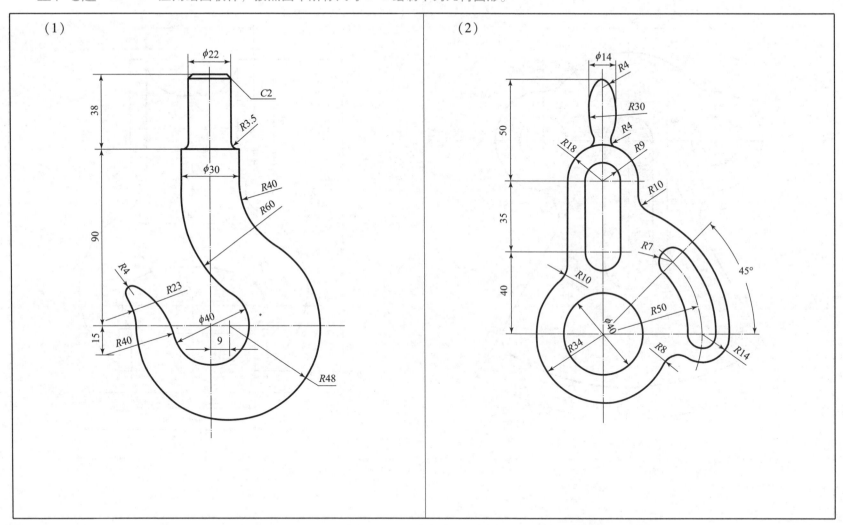

（1）

（2）

班级　　　　　　　　　姓名　　　　　　　学号

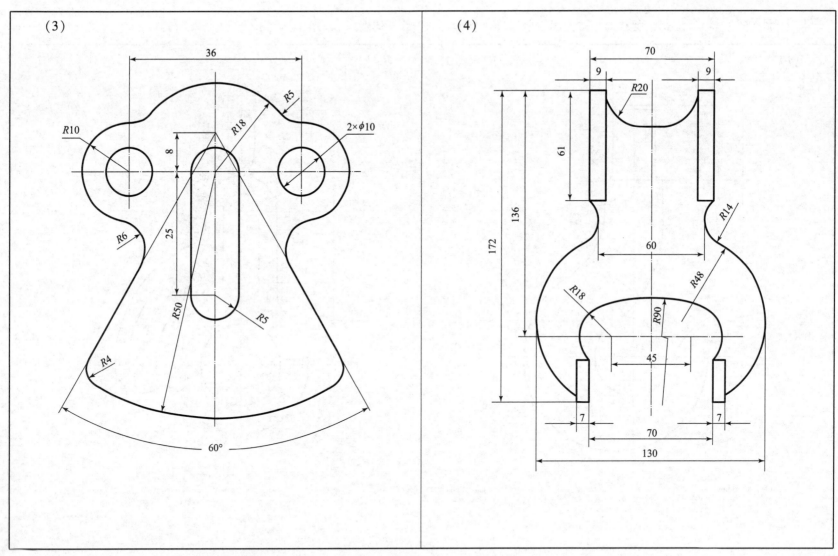

13-2 应用绘图软件实测图形并按 1:1 比例绘制投影图。

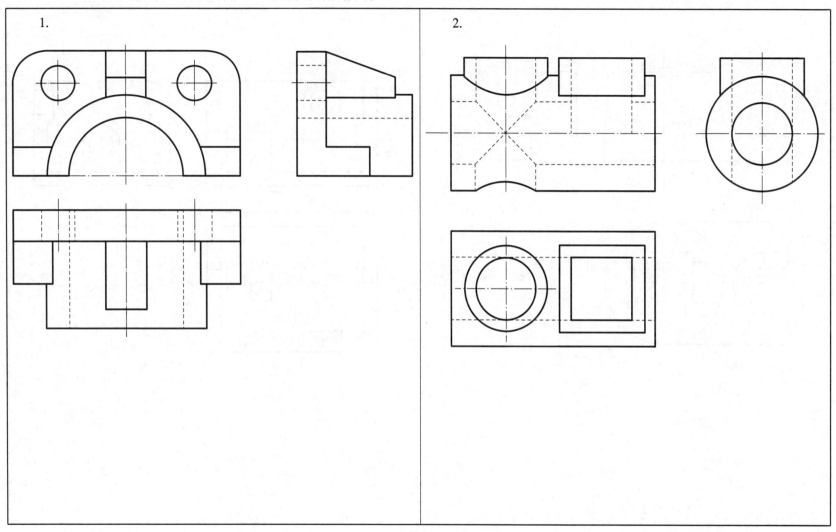

1.

2.

13－3 应用绘图软件实测图形 1：1 绘制投影图、剖视图。

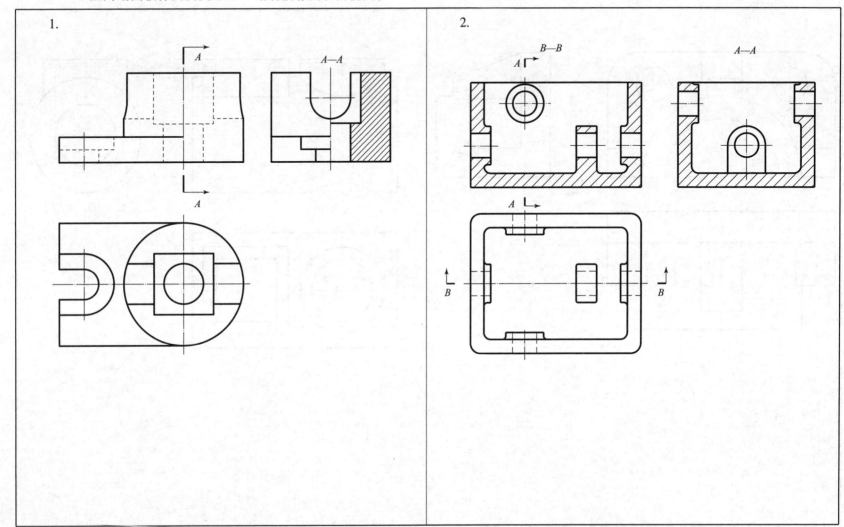

说明：螺栓、垫圈、螺母等标准件可从相关软件图库里调用。

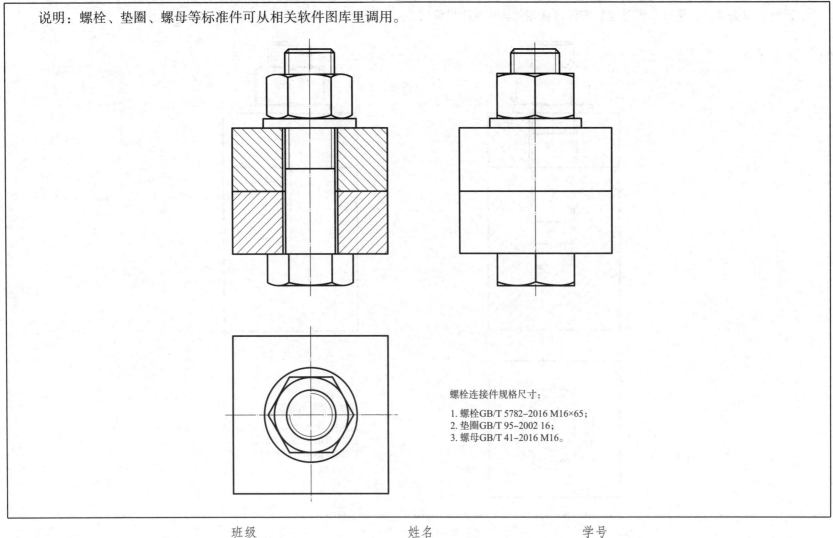

螺栓连接件规格尺寸：

1. 螺栓GB/T 5782–2016 M16×65；
2. 垫圈GB/T 95–2002 16；
3. 螺母GB/T 41–2016 M16。

班级　　　　　　　　姓名　　　　　　　　学号

说明：双头螺柱、垫圈、螺母等标准件可从相关软件图库里调用。

螺柱连接件规格尺寸：

1. 螺柱GB/T 899－1988 M16×45；
2. 垫圈GB/T 95－2002 16；
3. 螺母GB/T 41－2016 M16。

班级　　　　　　　　　姓名　　　　　　　　　学号

模数	m	2 mm
齿数	z	18
压力角	α	20°
精度等级		8-7-7-Dc
齿厚		3.142
配对齿轮	图号	6503
	齿数	25

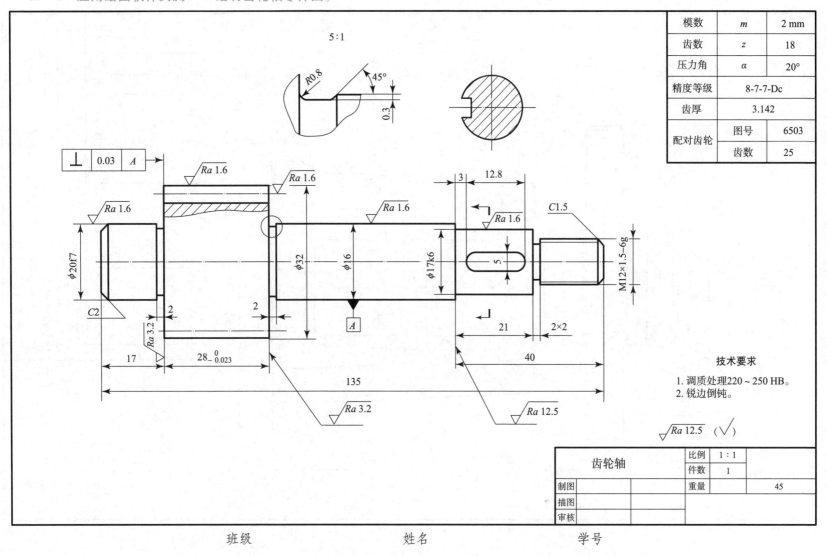

技术要求

1. 调质处理220～250 HB。
2. 锐边倒钝。

齿轮轴		比例	1∶1	
		件数	1	
制图			重量	45
描图				
审核				

班级　　　　　　　　姓名　　　　　　　　学号

13-7 应用绘图软件实测 1:1 绘制千斤顶装配图。

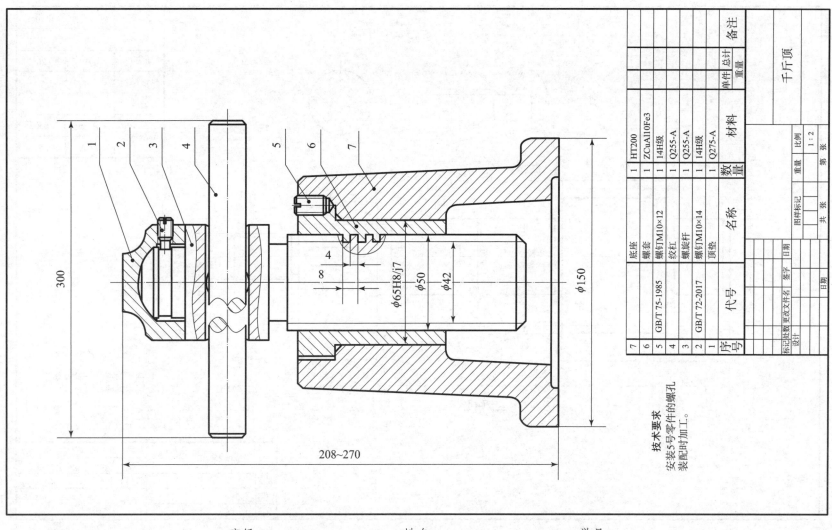

7			HT200	1	底座					ZCuAl10Fe3	1	螺套		
6			ZCuAl10Fe3	1	螺套		
5	GB/T 75-1985		14H级	1	螺钉TM10×12		
4			Q255-A	1	绞杠		
3			Q255-A	1	螺旋杆		
2	GB/T 72-2017		14H级	1	螺钉TM10×14		
1			Q275-A	1	顶垫		
序号	代号		材料	数量	名称	单件	总计
						重量	

千斤顶

标记	处数	更改文件名	签字	日期			比例	1:2
设计					图样标记	重量	
				日期		共 张	第 张

技术要求
安装5号零件的螺孔
装配时加工。

300

208~270

4
8

φ65H8/j7
φ50
φ42
φ150

1 2 3 4 5 6 7

第十四章 零部件测绘和画装配图

一、内容概要

1. 目的要求

零部件测绘是工程技术人员必须掌握的制图技能之一，对推广先进技术、交流革新成果、改进现有设备、修配零件等都有重要作用，其目的在于：

（1）复习和巩固已学知识，并在测绘中得到综合应用。

（2）掌握测绘的基本方法和步骤，具有运用技术资料、标准、手册和技术规范进行工程制图的技能。

（3）进一步提高对典型零件的表达能力，掌握装配图的表达方法和技巧。

（4）进一步加强作图能力、提高作图速度，为今后的专业课学习和工程实践打下坚实基础。

在测绘中要求学生具有正确的工作态度，注意培养独立分析问题和解决问题的能力，梳理严谨的工作作风，且保质、保量、按时完成零部件测绘的任务。

2. 重、难点

（1）零部件测绘的方法和步骤。

（2）绘制被测部件的装配示意图和装配图。

（3）标注所有被测零部件的尺寸和技术要求。

（4）装配图的画法。

二、题目类型

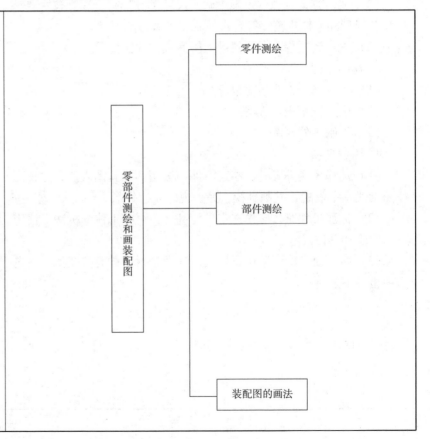

1. 零件测绘任务

测绘端盖，绘制端盖零件图。

2. 零件测绘要求

（1）用 A3 图纸或坐标纸绘图，建议绘图比例采用 1∶1。

（2）表达方案合理、投影正确、尺寸基准选择合理、技术要求标注及线型和字体规范，符合机械制图国家标准要求。

（3）先绘制零件草图，然后上机完成零件工作图。

3. 作图步骤

（1）了解和分析测绘对象。

（2）确定视图表达方案。

（3）绘制零件草图。

4. 注意事项

（1）选择表达方案时，端盖零件一般用两个视图表达，主视图按照轴线水平放置，并画剖视，另一视图表达外形。

（2）标注尺寸时，应先选定尺寸基准，再按形体分析法标注定形、定位和总体尺寸。

（3）技术要求标注采用类比法，参考教材中的有关图例，在老师的指导下进行。

5. 端盖的三维实体造型

1. 零件测绘任务

测绘支架，绘制支架零件图。

2. 零件测绘要求

（1）用 A3 图纸或坐标纸绘图，建议绘图比例采用 1∶1。

（2）表达方案合理、投影正确、尺寸基准选择合理、技术要求标注及线型和字体规范，符合机械制图国家标准要求。

（3）先绘制零件草图，然后上机完成零件工作图。

3. 作图步骤

（1）了解和分析测绘对象。

（2）确定视图表达方案。

（3）绘制零件草图。

4. 注意事项

（1）选择表达方案时，按照叉架类零件表达方法选择两个或两个以上的基本视图，并配备断面图、局部视图等其他视图，最好提出几种表达方案，然后选出最佳方案绘图。

（2）标注尺寸时，应先选定尺寸基准，再按形体分析法标注定形、定位和总体尺寸。

（3）零件上标准结构要素（如螺纹、键槽、销孔等），应查表予以标准化。

（4）技术要求标注采用类比法，参考教材中的有关图例，在老师的指导下进行。

5. 支架的三维实体造型

班级　　　　　姓名　　　　　学号

1. 零件测绘任务

测绘阀体，绘制泵体零件图。

2. 零件测绘要求

（1）用 A3 图纸或坐标纸绘图，建议绘图比例采用 1∶1。

（2）表达方案合理、投影正确、尺寸基准选择合理、技术要求标注及线型和字体规范，符合机械制图国家标准要求。

（3）先绘制零件草图，然后上机完成零件工作图。

3. 作图步骤

（1）了解和分析测绘对象。

（2）确定视图表达方案。

（3）绘制零件草图。

4. 注意事项

（1）选择表达方案时，按照箱体类零件表达方法选择三个或三个以上基本视图，并配备断面图、局部放大图、局部视图等，最好提出几种表达方案，然后选出最佳方案绘图。

（2）标注尺寸时，应先选定尺寸基准，再按形体分析法标注定形、定位和总体尺寸。

（3）零件上标准结构要素（如螺纹、键槽、销孔等），应查表予以标准化。

（4）技术要求标注采用类比法，参考教材中的有关图例，在老师的指导下进行。

5. 阀体的三维实体造型

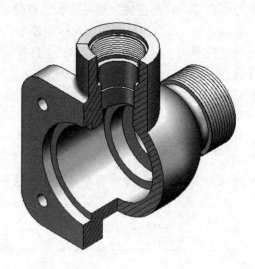

1. 部件测绘的任务

测绘齿轮油泵，绘制装配示意图、装配图和成套零件图。

2. 部件测绘要求

（1）用 A3 图纸或坐标纸绘图，建议绘图比例采用 1∶1。

（2）将标准件集中记录在一张纸上，按序号分格记录其名称、数量、规格和标记。

（3）表达方案合理，投影正确，图线、文字、序号编制及零件明细栏格式等符合机械制图国家标准要求。

（4）正确标注零件图与装配图中的尺寸和技术要求。

3. 部件测绘步骤

（1）了解和分析测绘对象。

齿轮油泵的工作原理：当传动齿轮 9 按逆时针方向转动时，将扭矩传递给传动齿轮轴 3，齿轮啮合带动齿轮轴 2 做顺时针方向转动。泵体内一对齿轮做啮合传动，啮合区内右边空间的压力降低，油池中的油在大气压力作用下进入油泵低压区内的吸油口，随着齿轮转动，齿槽中的油被带至左边的压油口把油压出，送至机器中需要润滑的部分。

（2）拆卸零件。

（3）绘制装配示意图。

（4）绘制零件草图。

（5）画装配图和零件图。

4. 注意事项

（1）拆卸中仔细观察、熟悉构造，装配示意图按装配位置放置。

（2）查表确定标准件的型号、规格。

（3）画装配图时选择合理的表达方案，先绘制主要零件，再绘制其他零件。

（4）建议分组测绘。

5. 齿轮油泵的三维实体造型

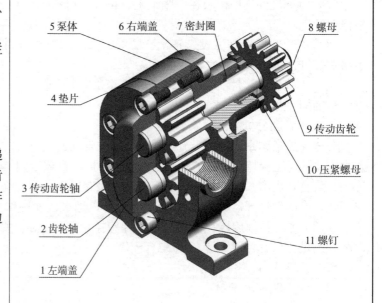

5 泵体　6 右端盖　7 密封圈　8 螺母　4 垫片　9 传动齿轮　10 压紧螺母　3 传动齿轮轴　2 齿轮轴　11 螺钉　1 左端盖

1. 部件测绘的任务

测绘安全阀，绘制装配示意图、装配图和成套零件图。

2. 部件测绘要求

（1）用 A3 图纸或坐标纸绘图，建议绘图比例采用 1∶1。

（2）将标准件集中记录在一张纸上，按序号分格记录其名称、数量、规格和标记。

（3）表达方案合理，投影正确，图线、文字、序号编制及零件明细栏格式等符合机械制图国家标准要求。

（4）正确标注零件图和装配图中的尺寸和技术要求。

3. 部件测绘步骤

（1）了解和分析测绘对象。

安全阀的工作原理：用于流体压力管路中自动调节压力的部件，使管路中流体的压力保持在一定的范围之内。工作时，流体沿阀体 1 下端的孔流入，从右孔流出，当压力超过额定值时，将阀门 2 推开，流体经左孔流向回路。阀门的打开压力（即工作压力）可以通过改变弹簧的压缩量来调节，调节方法是：旋转螺杆 11，通过弹簧托盘 8 改变对弹簧的压力。经试验，满足要求后再用螺母 12 将螺杆固定。

（2）拆卸零件。

（3）绘制装配示意图。

（4）绘制零件草图。

（5）画装配图和零件图。

4. 注意事项

（1）拆卸中仔细观察、熟悉构造，装配示意图按装配位置放置。

（2）查表确定标准件的型号和规格。

（3）画装配图时选择合理的表达方案，先绘制主要零件，再绘制其他零件。

5. 安全阀的三维实体造型

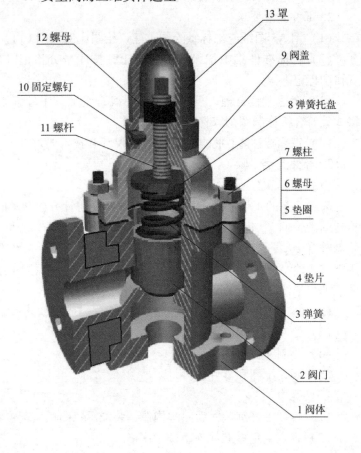

1. 画装配图的任务

由千斤顶的装配示意图和零件图，拼画千斤顶的装配图。

2. 画装配图要求

（1）用 A3 图纸或坐标纸绘图，建议绘图比例采用 1∶1。

（2）装配图中的表达方案合理，投影正确，图线、文字、序号编制及零件明细栏格式等符合机械制图国家标准要求。

（3）正确标注装配图中的尺寸和技术要求。

3. 作图步骤

（1）布置视图，画出各视图的作图基线和主要轴线。

（2）画底稿，绘制剖面线，加深视图。

（3）标注尺寸。

（4）零件编号，填写明细栏、标题栏和技术要求。

4. 注意事项

（1）千斤顶的工作原理：千斤顶是顶起重物的部件，使用时只需逆时针方向转动旋转杆 3，起重螺杆 2 就向上移动，并将重物顶起。

（2）合理地选择装配图的表达方案，主视图沿主要装配干线，一般采用剖视图，其他视图作为主视图的补充。

（3）注意相邻两零件的接合面，采用由内向外绘图。

（4）合理地标注装配图中的尺寸和技术要求。

5. 千斤顶的三维实体造型

5 顶盖

4 螺钉

3 旋转杆

2 起重螺杆

1 底座

班级　　　　　　姓名　　　　　　学号

6. 千斤顶的装配示意图

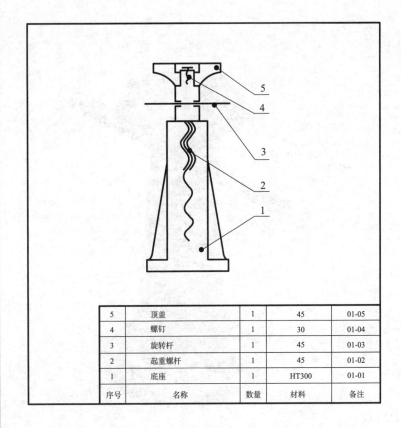

5	顶盖	1	45	01-05
4	螺钉	1	30	01-04
3	旋转杆	1	45	01-03
2	起重螺杆	1	45	01-02
1	底座	1	HT300	01-01
序号	名称	数量	材料	备注

7. 千斤顶的零件图

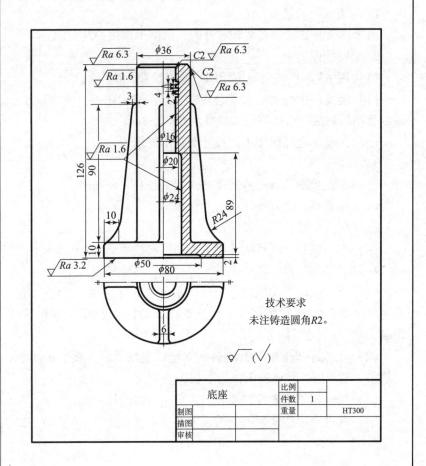

技术要求

未注铸造圆角R2。

底座		比例	
		件数	1
制图		重量	HT300
描图			
审核			

班级　　　　　　　　姓名　　　　　　　　学号

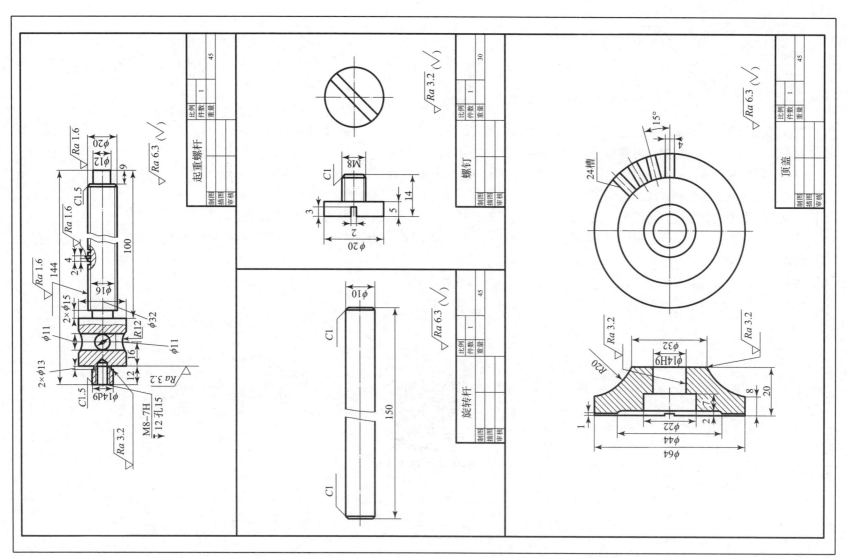

起重螺杆

比例			45
件数	1		
重量			

制图
描图
审核

$\sqrt{Ra\,6.3}$ $(\sqrt{})$

螺钉

比例			30
件数	1		
重量			

制图
描图
审核

$\sqrt{Ra\,3.2}$ $(\sqrt{})$

旋转杆

比例			45
件数	1		
重量			

制图
描图
审核

$\sqrt{Ra\,6.3}$ $(\sqrt{})$

顶盖

比例			45
件数	1		
重量			

制图
描图
审核

$\sqrt{Ra\,6.3}$ $(\sqrt{})$

班级　　　　　　　姓名　　　　　　　学号

参 考 文 献

［1］刘青科，李凤平，苏猛，屈振生 . 画法几何及机械制图习题集［M］. 沈阳：东北大学出版社，2011.

［2］刘青科，齐白岩 . 工程图学习题集［M］. 沈阳：东北大学出版社，2008.

［3］曾红，姚继权 . 画法几何及机械制图［M］. 北京：北京理工大学出版社，2014.

［4］曾红，姚继权 . 画法几何及机械制图学习指导［M］. 北京：北京理工大学出版社，2014.

［5］李凤平，张士庆，苏猛，屈振生 . 机械图学习题集（第三版）［M］. 沈阳：东北大学出版社，2003.

［6］孙进平，杨秀芸，贾铭钰，姚继权 . 计算机辅助设计与 AutoCAD 2008 应用教程［M］. 北京：清华大学出版社，2010.

［7］姚继权 . 工程制图［M］. 北京：北京理工大学出版社，2017.

［8］姚继权 . 工程制图学习指导［M］. 北京：北京理工大学出版社，2017.

扫码获取本书配套资源